Dog News

日本犬指的是日本人自古飼養的犬種，其中有六種已被日本政府列入國家天然紀念物。

秋田犬

以「忠犬八公」聞名的犬種，在國外也很有名，是海倫・凱勒最愛的狗狗。1931年指定為天然紀念物。

KenIchiAi via Wikimedia Commons

北海道犬

自古與愛奴人共同生活，負責狩獵，又稱為愛奴犬。1937年指定為天然紀念物。

Magdalena Niemiec via Wikimedia Commons

甲斐犬

身上有類似老虎斑紋的圖案，十分特別。取名自山梨縣山岳地區的舊名「甲斐」。1934年指定為天然紀念物。

MirasWonderland/Shutterstock

柴犬

日文的「柴」帶有小型犬的意思。1936年指定為天然紀念物。

Takashiba via Wikimedia Commons

四國犬

在高知縣山區狩獵的犬種。1937年指定為天然紀念物。

Molica_an/Shutterstock

紀州犬

毛色幾乎為白色，也有紅色和芝麻色。眼睛呈蛤蜊狀。1934年指定為天然紀念物。

Molica_an/Shutterstock

Dog News

貴族最愛的狗

歐洲貴族之間十分流行養狗，誕生了許多犬種。將狩獵視為運動的文化也十分盛行。

騎士查理斯王獵犬是英國皇室飼育的狩獵犬，據說查理二世最喜歡西班牙獵犬。西班牙獵犬後來與不同犬種交配，誕生許多短鼻品種，更成功復原原有犬種，改良出騎士查理斯王獵犬。

▲騎士查理斯王獵犬。
© PIXTA

▶查理二世與愛犬西班牙獵犬。

© Cynet Photo

奧匈帝國法蘭茲·約瑟夫一世的妻子伊莉莎白皇后，從小就非常喜歡狗，留下與愛犬合照的照片。

◀ 一生經歷被改編成音樂劇的伊莉莎白皇后與愛犬合照。

© Cynet Photo

▲蝴蝶犬。

▲瑪麗・安東尼王后。

法國國王路易十六的妻子瑪麗・安東尼王后，很喜歡蝴蝶犬的事情廣為人知。庇里牛斯山犬則是從路易十四在位時，就是戍衛城堡的守護犬。

▲瑪麗・安東尼王后使用的狗屋。

▶庇里牛斯山犬。

瑪麗・安東尼的母親瑪麗亞・特蕾莎，是匈牙利女王。她也是有名的愛狗人士，其飼養的蝴蝶犬被製成標本，如今仍展示在維也納的自然史博物館。

▶瑪麗亞・特蕾莎與孩子們，愛犬就在她的腳邊。

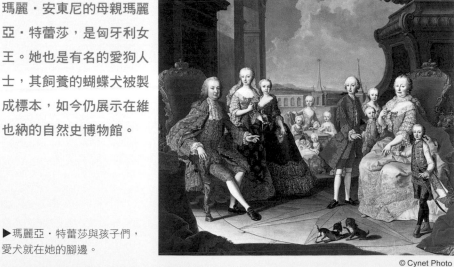

古代人類畫的狗

狗自古就與人類一起生活，世界各地的人類是如何看待狗的呢？無論何時何地，都能看到各種狗的蹤影。

▲美索不達米亞新巴比倫帝國（西元前 625 ～西元前 539 年）時期的狗雕像。

© Cynet Photo

◀在現今的伊拉克宮殿發現西元前 7 世紀左右的浮雕，圖上的狗是一種獒犬（Molosser）。

Zunkir via Wikimedia Commons

▶西元 79 年因火山爆發遭到掩埋的義大利龐貝城遺跡中發現的鑲嵌畫，上面的拉丁文意思是「小心惡犬」。

Miguel Hermoso Cuesta via Wikimedia Commons

▶西元 25 ～ 220 年，中國後漢時代的陶器。

Uploadalt via Wikimedia Commons

▲在利比亞的塔德拉爾特阿卡庫斯，發現了西元前 12000 年到西元 100 年之間的岩石壁畫。

Abdulwahab Innajih/Shutterstock

▲西元前 360 年左右的希臘墓碑，雕刻著人類與狗的畫像。

Glyptothek via Wikimedia Commons

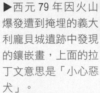

哆啦A夢
DORAEMON

知識大探索

KNOWLEDGE WORLD

汪星人呼喚項圈

哆啦A夢知識大探索

汪星人呼喚項圈

目錄

Dog News

前言……4
漫畫 嚴守祕密犬……8
第1章 探索狗的起源……18
漫畫 紙勞作大作戰……24
第2章 探索狗與人類的世界史……38
漫畫 一發逆轉炸彈……42
第3章 探索日本的狗歷史……52
漫畫 寵物筆……57
漫畫 遠離家園……157
第9章 什麼是動物行為學？……166
漫畫 無精打采的胖虎……171
漫畫 呼喚項圈……182
第10章 善用狗能力的訓練法……190

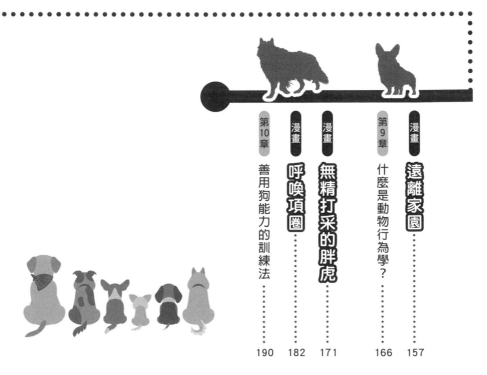

第4章 深入了解狗的身體結構 …… 66
漫畫 運動神經控制器 …… 74
第5章 深入了解狗的能力 …… 84
漫畫 薪水遺失大騷動 …… 92
漫畫 命令槍 …… 103
第6章 了解狗的飼養方法 …… 111
漫畫 找主人機 …… 118
第7章 想了解更多！狗類圖鑑 …… 128
漫畫 感動能量放射圈 …… 138
第8章 工作犬就是這麼厲害！ …… 150

※以下專欄深入解說與狗有關的歷史與事件

探索！

小知識

● 江戶時代的狗會去伊勢神宮和金刀比羅宮參拜！ …… 56
● 最原始的犬科藪犬究竟是什麼樣的動物？ …… 65
● 知名文豪愛狗小趣聞 …… 102
● 歷任美國總統大多是愛狗派？ …… 189

關於本書

〈哆啦A夢知識大探索〉是延續〈科學任意門〉與〈科學大冒險〉之後推出的第三個學習漫畫系列。各位可以在閱讀哆啦A夢漫畫的同時，從本書主題的解說文章，自然而然的學習最新知識。深入學習各種事物，一起來體驗探索樂趣吧！

※本書未特別載明的數據資料，皆為截至二〇二二年二月的資訊。

前言

動物行為學家　入交真巳

買了這本書的你，我相信一定是哆啦A夢迷，也對狗有興趣。我從小學就很迷哆啦A夢，也很喜歡狗，所以參與本書的過程，我每天都很興奮。

各位現在和狗一起生活嗎？或者是雖然家裡沒養狗，卻對狗充滿興趣，很喜歡狗，所以才了買這本書嗎？我記得我唸小學的時候就很喜歡「生物」，很想了解生物的一切。我的父親經常調職，家裡從來沒養過小狗或貓咪等體型較大的動物（不過我養過螞蟻和老鼠）。但是在我唸小學的時候，附近有一位叔叔養了一隻甲斐犬。那隻甲斐犬相當聰明，不但很會顧家，體型也很健壯。我經常和叔叔聊天，他教了我許多和狗有關的事情。從那個時候起，我就告訴自己，有一天我一定要養狗。

直到唸高中時，我才實現了和狗一起生活的夢想。那時家裡養的第一隻狗是博美狗，名字叫洛基。我的父母說，自從洛基來家裡之後，我和弟弟吵架的次數就減少了。我記得當時每天都過得很快樂。由於我原本就很喜歡動物，也很想學習與動物有關的事情，加上後來和洛基一起生活，促使我走上獸醫的道路。

我當上獸醫之後開始鑽研「獸醫行為學」。這是一門研究如何讓動物和人過得開心的學問，當動物出現令人類困擾的行為，或是遇到動物和人類無法融洽生活的情形時，獸醫行為學可以有效解決問題。就在我努力鑽研獸醫行為學的期間，我遇到了名為花子的迷你雪納瑞。

◀ 名為花子的迷你雪納瑞。

花子是一隻很膽小的狗，經常出現驚慌的行為，稍微遇到一點動靜就會咬傷自己最愛的家人。由於這個緣故，花子的前飼主不得不將花子送給沒有小孩的家庭飼養。我從花子九歲時領養她，一直照顧到十六歲。花子在二〇二一年過年後不久，就到天上當天使了。

現在我家養了一隻名為「芙奈子」的柴犬，她只有一歲六個月大。芙奈子患有「強迫症」，成天追著自己的尾巴。由於生病的關係，她在很小的時候就被迫和自己的家人分開，以本書中有介紹的「讓渡犬」的形式來到我家。我們很幸運，能成為芙奈子的家人。芙奈子是一隻很漂亮的柴犬，可以算是美犬吧！「咦？你說什麼？老王賣瓜，自賣自誇？」是的，就是這麼一回事。家裡有養狗的本書讀者，我相信你們一定都認為自己家裡的狗狗最可愛，我認為有這樣的想法最棒！

大多數人都認為狗與人類是主從關係，狗對於跟自己一起生活的家人，有自己的優先順序。但根據最新的研究，狗與人類並非屬於有先後排名的關係，本書也介紹了相關內容。和狗一起生活的人，當你看著自己家裡的可愛狗狗，一定不會認為狗想成為人類的主人吧？事實上，狗也確實不想當人類的主人。狗絕對不會讓自己最愛的家人成為自己的屬下，他想要和自己最愛的家人好好溝通。有鑑於此，我衷心希望各位一定要多多愛護自己家裡最可愛、最漂亮的寵物狗，好好的與全世界最棒的狗狗溝通，和他們當一輩子的好朋友。

▲右上與左下的照片皆為柴犬「芙奈子」。

影像提供／皆為入交真巳

嚴守祕密犬

大雄你破紀錄了！
我從來沒教過每次考試都拿鴨蛋的學生。
而且你老是忘記寫作業、上課又愛打瞌睡、還常常遲到……
老師對你、失望透頂了……
你可以回去了。
老師說你破紀錄了對不對？真了不起耶。
你媽媽要是聽到這個大新聞，不知道會有多高興呢！
我真想看看她高興的臉。
多管閒事!!

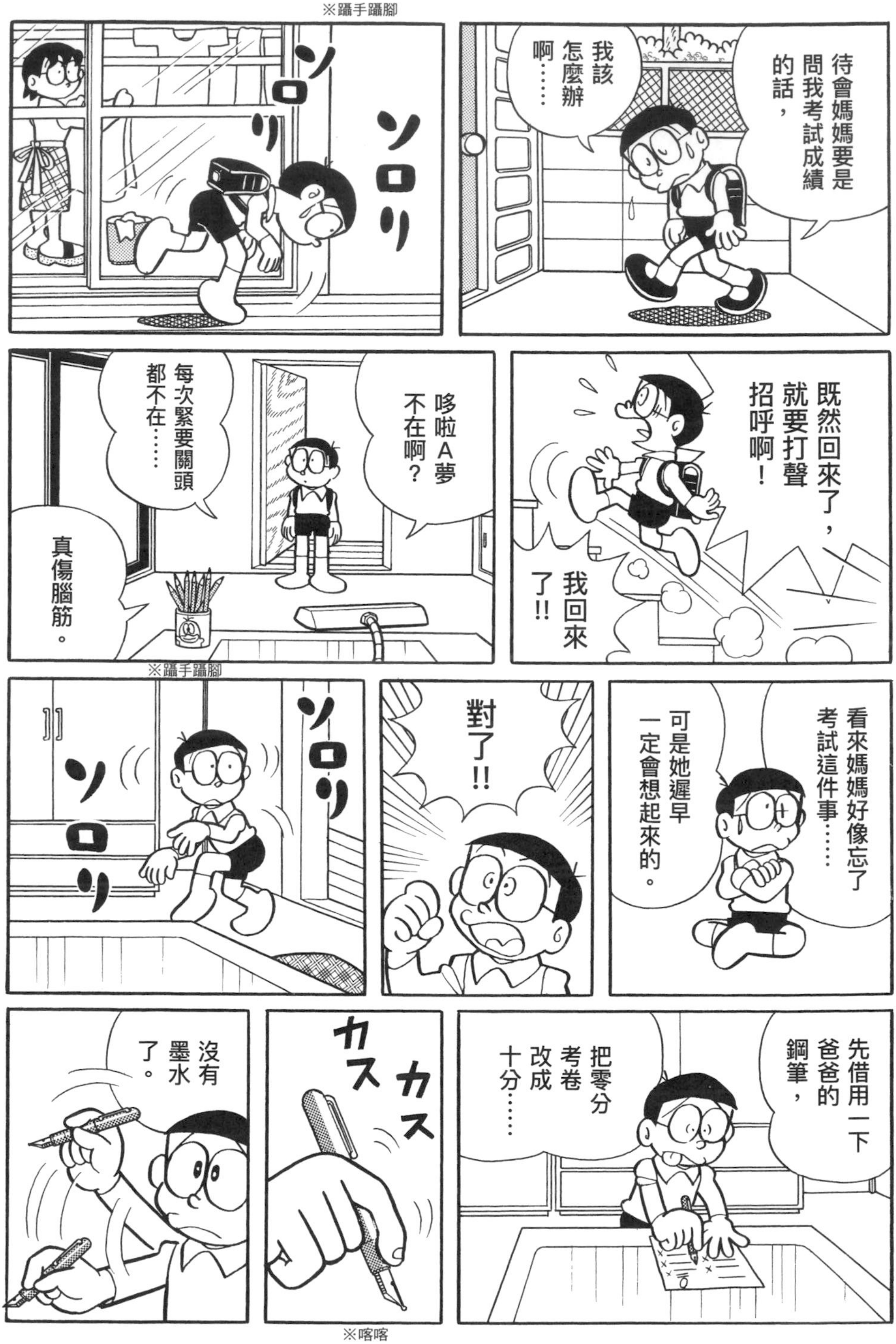
待會媽媽要是問我考試成績的話，
我該怎麼辦啊……
ソロリ
ソロリ
※躡手躡腳
既然回來了，就要打聲招呼啊！
我回來了!!
哆啦A夢不在啊？
每次緊要關頭都不在……
真傷腦筋。
看來媽媽好像忘了考試這件事……
可是她遲早一定會想起來的。
對了!!
ソロリ
ソロリ
※躡手躡腳
先借用一下爸爸的鋼筆，
把零分考卷改成十分……
カス
カス
※喀喀
沒有墨水了。

汪星人呼喚項圈 Q&A

Q 以下動物中，何者與狗是親戚？①孟加拉虎 ②北極狐 ③亞洲黑熊

A ②北極狐。孟加拉虎是貓科，亞洲黑熊是熊科動物。

汪星人呼喚項圈Q&A

Q 狗和貓擁有相同的祖先，這是真的嗎？

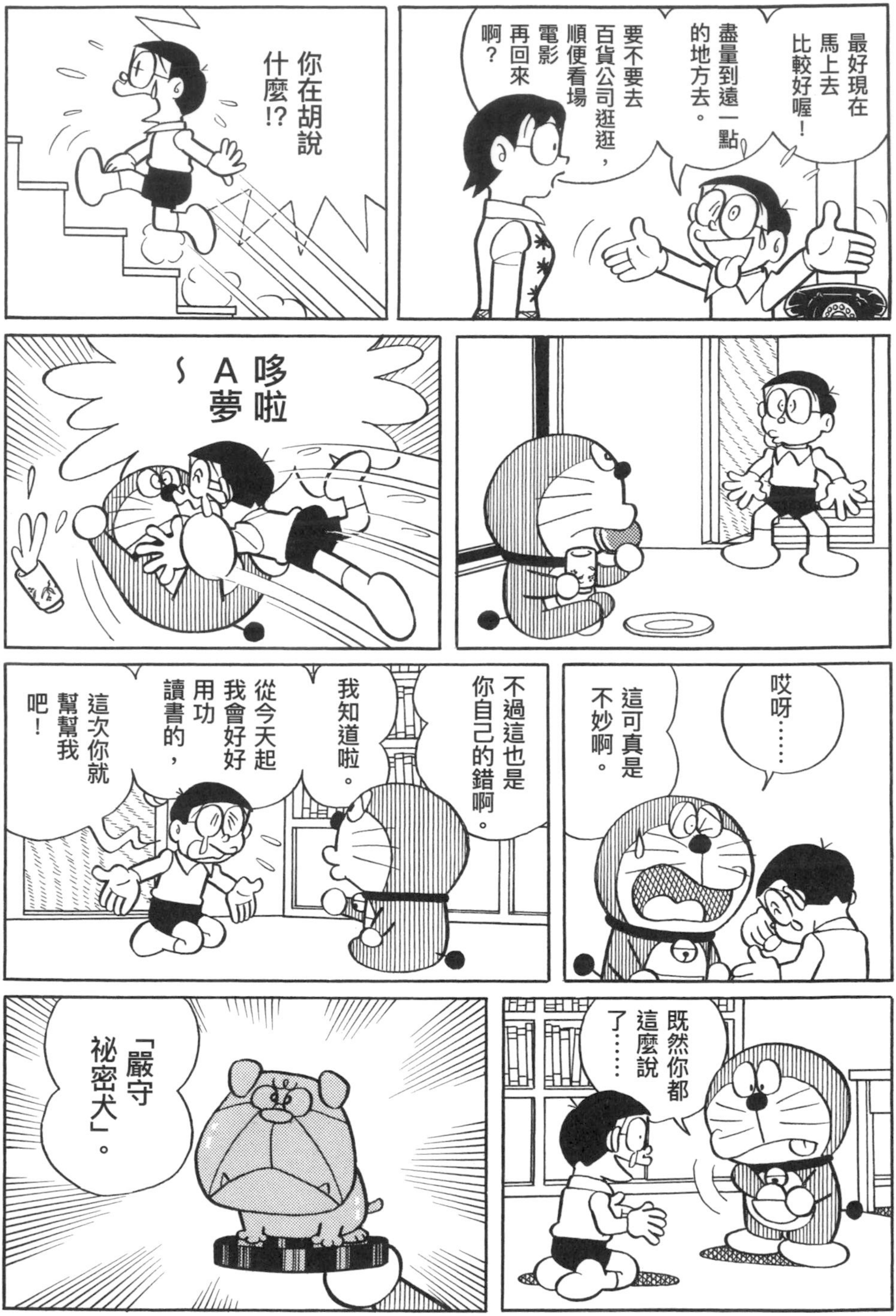

最好現在馬上去比較好喔！
盡量到遠一點的地方去。
要不要去百貨公司逛逛，順便看場電影再回來啊？
你在胡說什麼!?
哆啦A夢～
哎呀……
這可真是不妙啊。
不過這也是你自己的錯啊。
我知道啦。
從今天起我會好好用功讀書的，
這次你就幫幫我吧！
既然你都這麼說了……
「嚴守祕密犬」。

A 真的。狗和貓是從外型像鼬的小古貓分支演化出來的。

汪星人呼喚項圈Q&A

Q 家犬的學名「*Canis lupus familiaris*」是什麼語言？①拉丁文 ②法文 ③英文

A ①拉丁文。canis是狗，lupus是狼，familiaris是家族的意思。

Q 人類為了生活所需特地馴化豢養的動物稱為什麼？

A 家畜。為了協助打獵和看家，人類特地馴化狼，這就是狗的由來。

パカン
※轟
哇啊!!
パッ
※醒來
我忘記寫一封重要的信了。
我忘了問大雄考卷的事了。
或許這樣對本人來說比較好吧！

在漫畫《嚴守祕密犬》中，有一隻保守大家祕密的機械狗登場。狗在人類生活中扮演許多角色，例如保護人類生活，協助維持生活運作等。如今狗已經成為人類最好的朋友，可以說是我們的家人。話說回來，狗是怎麼來的呢？從什麼時候開始和人類和睦相處？現在就依照時間序，一起來探索狗的起源吧！

恐龍滅絕後 地球出現了各種哺乳類動物

人類飼養各種動物當寵物，例如狗、貓、兔子等，同時也飼養牛、馬等動物協助農業生產。野生動物經過馴化之後，成為人類豢養的「家畜」。在所有家畜中，最先被馴化豢養的就是狗。

距今約六千六百萬年前，恐龍突然從地球上消失。當時的哺乳類動物體長只有十公分左右，在恐龍滅絕之後，哺乳類動物的種類逐漸增加。根據研究，直到大約

▲恐龍滅絕的原因眾說紛紜，目前最有力的說法是隕石撞地球，引發一連串天災與氣候改變。

四千八百萬年前才滅絕的「小古貓」就是狗、貓、熊等肉食性動物的祖先。

狗與貓的祖先都是小古貓

小古貓的體型像鼬鼠一樣細長，棲息在森林裡，捕食鳥類和昆蟲，平時睡在樹上。活動時利用長尾巴保持身體平衡，擅長爬樹，會在樹林之間跳躍移動。

或許是森林裡的食物不夠吃，小古貓的習性後來產生分歧的變化，有些繼續留在森林，有些則到廣闊的草原覓食生活。在草原生活的小古貓演化成犬科動物的祖先「擬指犬（*Cynodictis*）」。順帶一提，留在森林的小古貓是貓科動物的祖先。簡單來說，狗和貓來自於同一個祖先。

草原不像森林有許多地方藏身，由小古貓演化而成的擬指犬在草原生活時，不僅很難接近獵物，也很容易被其他大型獵食動物鎖定。為了存活下來，擬指犬必須比住在森林時跑得更快、更遠，眼睛也要看得更廣。不過，過去在森林棲息的習性還留著，因此在草原生活的擬指犬也很擅長爬樹。

之後，擬指犬演化成「切齒犬（*Tomarctus*）」。切齒犬的外表和現在的狗很像，是犬科動物的祖先。

▲狗與貓都是從小古貓分支演化出來的。

人類的家人「家犬」是從狼演化而來

切齒犬又分成十一個屬，包括犬屬、貉屬、狐屬等。隨著時代演進，犬屬又演化出狼（灰狼）、紅狼（生存在北美洲的灰狼亞種）、郊狼、側紋胡狼、黑背胡狼、亞洲胡狼、衣索比亞狼等七個種。

如今與人類和睦生活的狗，正式名稱是「犬」，一般稱為家犬。家犬就是從上述七個種中的狼種，演化出來的。

關於狗的起源，學界有許多假設，但根據行為學、形態學和分子生物學的研究結果，狗的祖先是狼的說法最為有力。一九九七年，科學家研究了來自世界二十七個國家的狗與狼的DNA後，發現兩者的DNA並沒有很大差異。不過，當科技進一步發展，或許往後還會有新發現。

犬的拉丁文學名是 *Canis lupus familiaris*，canis 是狗，lupus 是狼，familiaris 是家族的意思。犬是狼的亞種，與人類和睦相處，就像我們的家人一樣，因此才取名為 *Canis lupus familiaris*。

© PIXTA

▲狗和貓來自於同一個祖先。

GlacierNPS via Wikimedia Commons

灰狼

Thomas A. Hermann, NBII, via Wikimedia Commons

側紋胡狼

Dhaval Vargiya via Wikimedia Commons

亞洲胡狼

LaggedOnUser via Wikimedia Commons

紅狼

Yellowstone National Park via Wikimedia Commons

郊狼

© Hans Hillewaert

黑背胡狼

David Casto via Wikimedia Commons

衣索比亞狼

狼經過馴化之後成為看家犬

狼是狗的祖先，是在草原上生活的動物。狼的祖先擬指犬生長在草原，由於草原一望無際，可以躲藏的地方較少，很容易被獵物察覺，要單獨狩獵是相當困難的事，因此擬指犬都是成群結隊的獵食，這個習性也傳承到狼的身上。

另一方面，人類在距今兩百五十萬年前到一萬三千年前的舊石器時代，過著原始生活。人也會成群結隊的生活，和家人或朋友一起獵捕動物或採集食物。人類與狗的祖先有一個共通點，那就是會與夥伴一起打獵、一起生活。或許這就是人類可以馴化狗、和狗和睦相處的原因。

有些狼棲息的地方很接近人類，會吃人類吃剩的食物，長久下來，變得與人類越來越親近。人類也從觀察狼的行為與習性，獲知附近有其他動物的存在，學習找到獵物的藏身之處。

生活模式相近的狼與人類就這樣越走越近，人類挑選個性溫馴的狼餵養，慢慢的馴化。狼不僅擅長狩獵，若發現可能危害人類的大型動物靠近，還會以嚎叫的方式通知人類。狼不只是人類的狩獵夥伴，也是盡責的看家

© PIXTA

▲狼也發揮了看家犬的角色，和人類一起生活。

犬，和人類一起生活。

家畜化的狗演化出與狼不同的骨骼結構

科學家目前還不清楚，部分的狼是在什麼時候變成家犬。

二〇一一年，考古學家在西伯利亞南部阿爾泰山脈，發現了一個人類在三萬三千年前生活的洞穴，並在裡面挖掘出犬科動物的骨骸。實際化驗研究後，專家認為那應該就是狗。受到人類豢養的狗不需要自己獵捕食物，口鼻部變短變寬，牙齒和犬齒也變小，外型與狼差異甚大。

犬和狼的DNA僅有些微不同，研究顯示，犬的家畜化可能是在十三萬年前到七萬年前，或四萬年前到一萬五千年前，但這兩段可能的時期跨距都太大，仍無法斷定家畜化的確切時間。

根據二〇一六年發表的考古學和基因研究結果，豢養馴化犬隻的地區分別是歐洲與亞洲有狼棲息的區域。推估是人類在六千四百年前將亞洲的犬帶進歐洲，取代了歐洲的部分犬隻。

無論如何，人類第一隻家畜化的動物是犬。由此可見，犬不僅是很容易飼養的動物，對人類的生活也有所助益。隨著人類的生活越來越多樣化，還會前往其他地方，與不同地方的人交流，犬隻也跟著普及於世界各地，成為遍布全球的家畜。

小知識

澳洲野犬是犬還是狼？

棲息在澳洲的澳洲野犬（Dingo）屬於野生犬，若單看長相，一般人常以為牠是狼。由於澳洲野犬天性兇猛，還會攻擊家畜，在澳洲曾經遭受撲殺，甚至瀕臨滅絕。如今是受到保護的瀕危物種。

© PIXTA

▲棲息在澳洲的澳洲野犬。

紙勞作大作戰

※匡

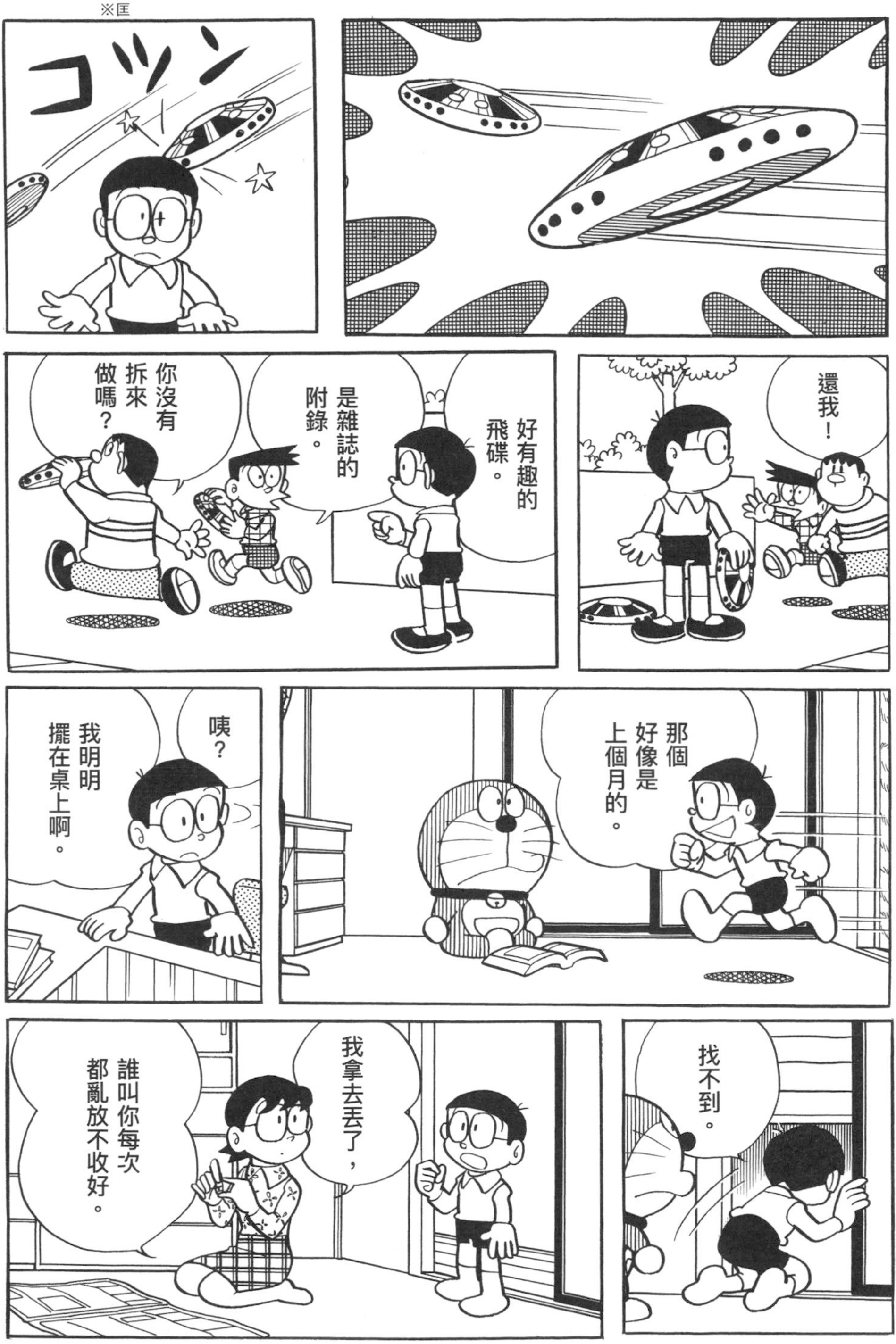

コツン
還我！
好有趣的飛碟。
是雜誌的附錄。
你沒有拆來做嗎？
那個好像是上個月的。
咦？
我明明擺在桌上啊。
找不到。
我拿去丟了，
誰叫你每次都亂放不收好。

反正你以前也沒在做。
可是人家會保留下來就是因為想做嘛～
那我拿別的給你。
紙工坊
紙勞作剪貼簿
這裡面也有飛碟。
好大喔。
えんばん
その1
五頁組成一個飛碟。
開始做吧！

汪星人呼喚項圈Q&A

Q 在倫敦奧運會開幕式，哪一位電影明星和英國伊莉莎白女王與兩隻柯基犬一起演出？

A 丹尼爾・克雷格。在〈〇〇七〉系列電影飾演詹姆士・龐德一角的丹尼爾，與女王和柯基犬在開幕式上共同演出。

Q 古埃及認為死後世界之神是哪一尊？

A 阿努比斯。阿努比斯的外型為犬頭人身。

※喵喵、汪汪

※貓狗大戰

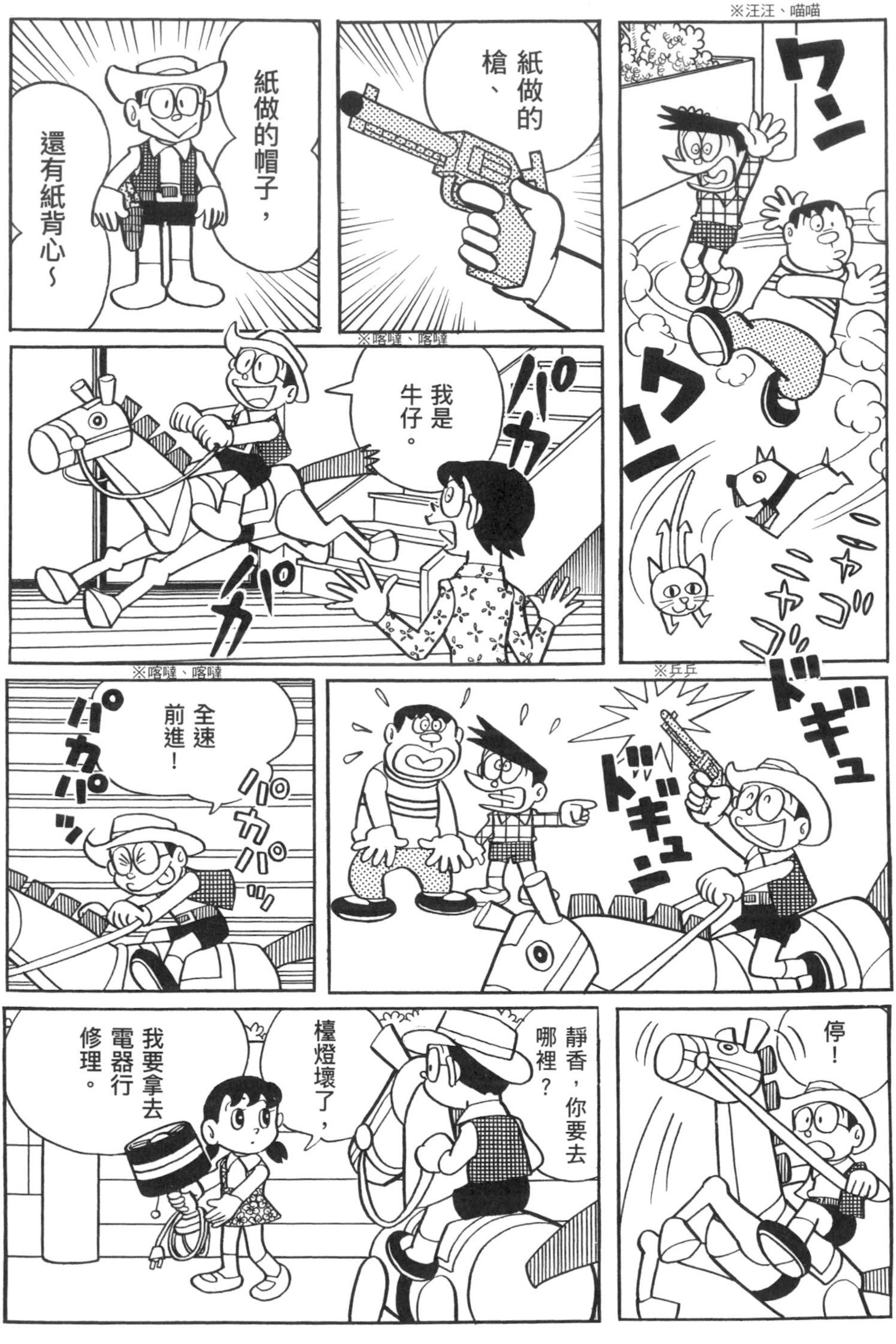

汪星人呼喚項圈Q&A

Q 有些狗擅長游泳，這是真的嗎？

A 真的。紐芬蘭犬的毛具有潑水性，是十分活躍的水難搜救犬。

Q 狗的前腳與後腳趾頭各為三根，這是真的嗎？

A 假的。基本上，狗狗的前腳為五趾、後腳為四趾，有些大型犬的後腳為五趾。

※啪啪、嗶嗶、咔咔
メリメリ
雖然吃起來聲音好吵，
ビリビリ
不過很好吃。
バリバリ
用果汁乾杯！
救命啊！
什麼事？
哇！
吼!!
我們做出不得了的東西啦！

※乒乓
※咔鏘、咔鏘
不行，完全沒用。
※轟
那就來做大砲。
那我做戰車。
我做好了，先過去喔！
怪獸……
在哪裡？
我來救你們了！
謝謝你，大雄！

汪星人呼喚項圈Q&A

Q 狗狗有幾顆牙齒？①二十二顆 ②四十二顆 ③四十八顆

A ②四十二顆。與人類一樣會從乳牙換成恆齒，乳牙為二十八顆。

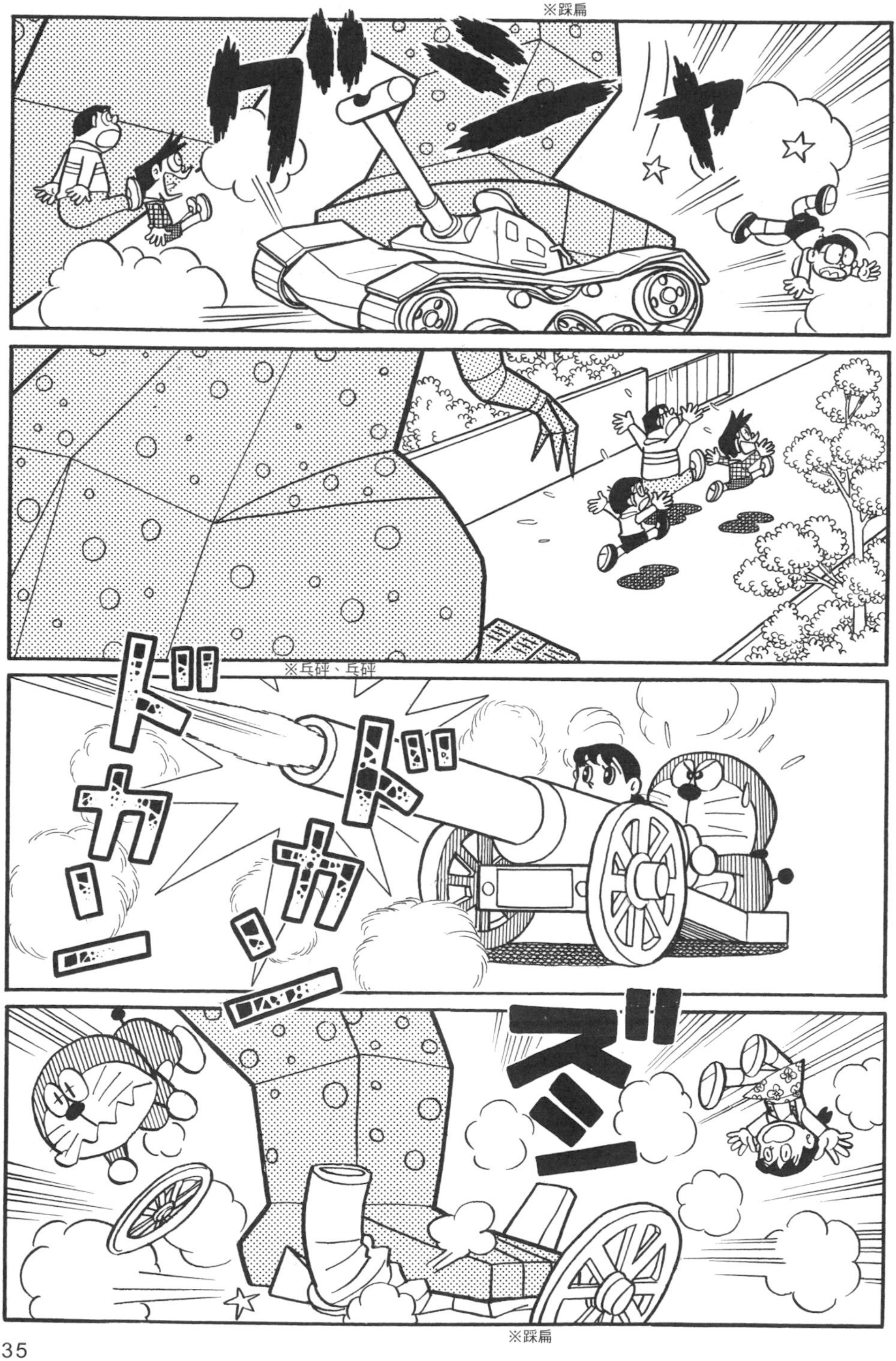

Q 狗不會流汗，這是真的嗎？

完全
對付不了它！
你們在
玩捉迷藏
啊？
噓！
會被
恐龍
發現的。
※轉頭
ギロ
※吼～
ヌゥ
原來是
恐龍遊戲啊，
我小時候
也常常玩。

※燃燒

※丟

A 假的。狗會從鼻頭和腳掌排汗。

原本過著狩獵生活的人類開始從事農耕，定居在特定區域，逐漸發展出社會的生活型態，並且和其他聚落進行交易。隨著生活型態的多樣化，人類要求狗扮演的「角色」也開始不同。於是人類依照自己想要的目的，改良出各式各樣的狗品種。話雖如此，狗還是無法畫漫畫、寫文章、從事紙上作業。

狗成為人類的家人、生活的夥伴

狗被馴化成家畜後，與人類和睦相處。狗不只是「有用的動物」，例如協助看家或狩獵，更是人類的家人、夥伴與朋友，對人類來說相當重要。

考古學家在距今約一萬四千年前的舊石器時代後期，有人類居住的德國杜塞道夫洞穴遺跡中，不只挖出人類骨骸，也挖出狗的部分骨頭。

此外，位於以色列北部、一萬兩千年前的恩・馬拉哈（納圖夫）遺址，發現一具以側臥姿態埋葬的高齡女性遺骸，身旁還有一隻大約四、五個月大的小狗骨骸。那隻小狗就埋在女性的手部下方，或許是因為主人過世之後，小狗還是不肯離開，最後才會葬在一起。由此可以推估，當時狗對人類來說，很可能已經提升至「伴侶動物」或是「寵物」的地位。

Israel Museum via Wikimedia Commons

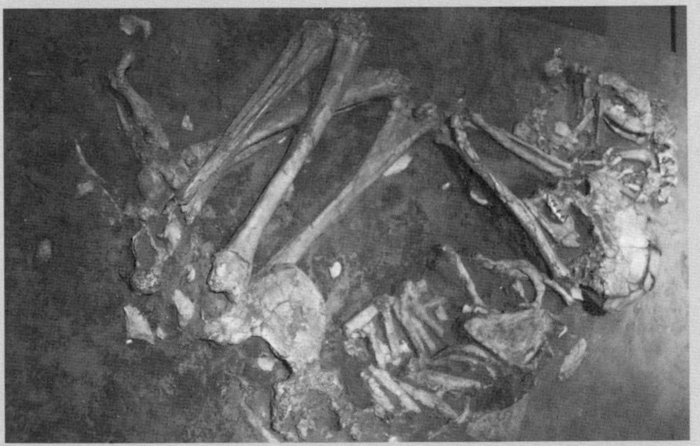

▲在以色列納圖夫遺址發現了與狗狗一起埋葬的女性和犬隻遺骸。

獵犬是最古老的犬種

如今全世界的犬種可能有三百種或八百種（世界畜犬聯盟〔FCI〕認定的犬種為三百五十二種），狗在與人類生活的過程中，人類因應自己的需求讓狗配種、改良，逐漸增加犬種數量。

獵犬是最古老的犬種之一。獵犬是人類帶著一起去打獵的夥伴，也是人類與狗共同生活的契機。獵犬的英文稱為「hound」，西元前三千年左右，古埃及和西亞的壁畫、陶器上，畫著外型近似格雷伊獵犬，正在打獵的狗。

此外，古埃及將狗視為神聖的動物。由於狗平時常在墓園出沒，古埃及人認為牠們在守護死者，避免受到不好的東西侵擾，因此十分尊崇狗。他們相信狗是人身胡狼（犬科）頭的冥界（死者的國度）之神「阿努比斯」，與死者之間的橋梁。

▲製作木乃伊的神「阿努比斯」。

為滿足人類需求誕生的各式犬種

活躍於古羅馬時代（西元前七五三至四七六年）的博物學家老普林尼，在其著作《博物志》中將狗狗分成「看家犬」、「牧羊犬」、「獵犬」、「軍用犬」、「嗅覺型獵犬」、「視覺型獵犬」等六個種類，代表當時已經依照「功能」區分犬隻。值得注意的是，獒犬這類大型犬是當時人類帶往戰場打仗的軍用犬，在戰場上發揮很大的作用。

人類基於戰爭、貿易等原因往來各地，還會帶著狗前往新的地方，與當地現有的狗交配，生出新的犬隻。人類對於狗的期待和氣候等棲息環境，是新犬種持續出現的主要原因。

符合人類需求、帶去一起打獵的狗，不是擅長追捕獵物，就是擅長引誘羊等獵物，具備這類特質或型態的犬隻種類越來越多。

中世紀之後，歐洲貴族之間盛行狩獵活動，擅長獵捕兔子、狐狸等獵物的犬隻不斷誕生。不過，雖說是擅長狩獵，但也會根據獵物的不同，細分出具備不同獵捕技能的犬隻。

除了各式各樣的獵犬，上流社會的女性之間還流行飼養小型犬當作「寵物」。由於這個緣故，各種外型可愛的狗也陸續誕生。

▶老普林尼寫的《博物志》共有三十七卷。裡面記載著天文學、地理學等各種領域的學問知識，可說是一部百科全書。

© Cynet Photo

英國率先通過《動物保護法案》防止虐待動物

和人類共同生活之後，狗可以算是人類的夥伴。然而，人類依照自己的需求改良各式犬隻，具備特定功能的犬種逐漸增加。在不知不覺間，人類只想讓狗工作或滿足自己的娛樂需求。

十八世紀末，英國出現了一群有識之士，開始正視狗兒們面臨的虐待問題。英國哲學家傑瑞米・邊沁（Jeremy Bentham）主張「動物也會感到痛苦」，掀起輿論話題。導致英國政府終於在一八二二年通過《動物保護法案》，禁止人類虐待包括狗在內的所有動物。從此之後，英國也成為領先全球的愛護動物先進國家。

順帶一提，英國皇室十分愛護狗。已故的伊莉莎白女王自一九五二年即位以來，飼養過的狗超過三十隻。二〇二一年，還有兩隻新的狗兒成為英國皇室家族的一分子。其中一隻取名自伊莉莎白女王的叔叔費格斯（Fergus Bowes-Lyon），可惜費格斯也在這一年過世了；另一隻則以皇室家族每年夏天前往度假的蘇格蘭穆克湖為靈感來源，取名為穆克（Muick）。

◀伊莉莎白女王熱愛狗狗，尤其喜歡柯基犬。英國皇室甚至還推出柯基犬的布偶娃娃。

© Cynet Photo

一發逆轉炸彈

※怒火中燒
イライラ
嗯……
爸爸的情緒好像越來越糟……
那可不妙。
巨人隊九局下半的攻擊，目前已經兩人出局，與對手有六分之差看來已回天乏術。
哼——哼——
得想個辦法才行。
巨人隊輸球的話，我們可能會連帶倒楣。
「一發逆轉炸彈」!!
※拔
スポ
※咻～
シュー
※砰
ポーン

汪星人呼喚項圈Q&A

Q 狗四處尿尿的行為稱為什麼？

A 標記（做記號）。狗狗利用尿液向外界宣示地盤。

汪汪
汪汪！
※砰
※咬
嗚汪！
想知道為什麼會變這樣嗎？那就用慢動作重看一次吧！
※砰
被石頭絆倒。
狗從後頭撞上，
就飛到大雄前面去了。
大雄正好張大嘴巴。
嗚汪、嗚汪！
呸呸。

汪星人呼喚項圈Q&A

Q 狗的智商相當於人類幾歲的智商？①一歲②三歲③六歲

A ②三歲。在一定程度內，狗聽得懂人類說的話。

Q 協助視障者維持便利生活的狗狗稱為什麼？

A 導盲犬。牠們是經過特別訓練的狗，可讓視障者的生活起居更加便利。

借你吧!!
這時候才說要借我……
要是我去拿遙控飛機，不被罵死才怪……
為了以防萬一，先丟一顆炸彈吧。
ポン
※砰
啊啊!!
小偷啊！有小偷啊！
多虧你我才能獲救，實在太感謝你了。
ブルル…
借我！
不借！

※噗嚕嚕

※砰
ポ
你這是什麼態度啊!!
你也跑太慢了吧?
※拳打腳踢
ボカ
ボカ
你這臭小孩!竟敢跟蹤我!!
?
還剩最後一顆。
這顆得好好保管才行。
已經沒事了喔。

汪星人呼喚項圈Q&A

Q 德川綱吉十分喜愛,也出現在《日本書紀》的是哪種狗?①日本狆 ②四國犬 ③紀州犬

糟了!!
正在播每個星期我很期待的「宇宙偵探沙拉巴」。
※摔、咻～
主角正要擊敗這個星期的宇宙怪物呢。
啊啊！情勢逆轉，宇宙怪物獲勝!!
由於主角被怪物打敗，「宇宙偵探沙拉巴」到此全部播畢。
看你幹了什麼好事!!

A ①日本狆。綱吉愛狗成癡，百姓甚至暱稱他為「犬公方（狗將軍）」。

日本原本沒有狗，而是有人從中國和朝鮮半島遠渡重洋，將狗帶至日本，成為日本犬。這些外來的小型犬深受上流階級喜愛，成為達官貴族們的寵物。

過去的日本人習慣將貓養在室內，並用繩子綁著；狗則是放養在室外，幾乎不用牽繩綁住，和現在的飼養型態截然不同。

漫畫〈一發逆轉炸彈〉中，描述了一發逆轉炸彈造成立場完全相反的情景，對狗來說，過去和現在的日子真的是完全相反呢！

日本史書描述了狗與飼主之間的羈絆

前面提到過狗的祖先是狼。日本原本就有狼，但專家認為日本的家犬並非馴化原生種的狼，而是有人從外國將早已成為家畜的狗帶入日本。

家犬是在一萬三千年前到西元前四世紀的繩文時代進入日本，一般推估應該是有人從南亞一帶，將帶有南方血統的狗帶進來。

此後，從西元前四世紀到三世紀的彌生時代，帶有北方血統的狗經由朝鮮半島進入日本，與帶有南方血統的狗交配，最後誕生出日本的狗。

一開始狗在日本也是人類狩獵的夥伴。尤其是天皇和貴族等統治階級的人，每次打獵都會帶狗一起去。日本史書《日本書紀》描述了這樣的情景，從中也得知當時的人類已經幫狗取名字了。

《日本書紀》還記載了以下這段故事：第三十二代崇峻天皇在位時期，蘇我氏與物部氏由於政治和宗教立場不同，兩大家族紛爭不斷。物部氏家臣飼養的白色小狗，在戰死的飼主身邊吠叫，還將頭埋進墳墓裡，就這麼趴在飼主身邊殉葬。

朝廷得知此事後，將飼主和狗埋在一起。從這段故事可以看出，當時的日本人會帶狗上戰場，而且狗和飼主之間的情感相當深刻。

傳入日本是來當寵物犬的。根據《日本書紀》記載，西元六八六年新羅將馬和騾等動物上貢給大和朝廷時，也獻上了小型寵物犬。

從朝鮮半島和中國傳入日本的小型寵物犬，稱為「唐犬」，在奈良時代（七一〇至七九四年）以及平安時代（七九四至一一八五年）深受上流社會達官貴族的喜愛。

在鎌倉時代（十二世紀末至一三三三年）的「騎射三物」包括流鏑馬、笠懸和犬追物，幕府鼓勵武士們勤加鍛鍊這三大騎射技巧。

對武士來說，騎馬射箭是很重要的工作技能。流鏑馬

▲《宇治拾遺物語》有一則故事，描述藤原道長養的白狗救了他，讓他免於詛咒之災。

狗狗是上流階級的地位象徵

並非所有的狗都是為了狩獵或打仗而存在，有些狗

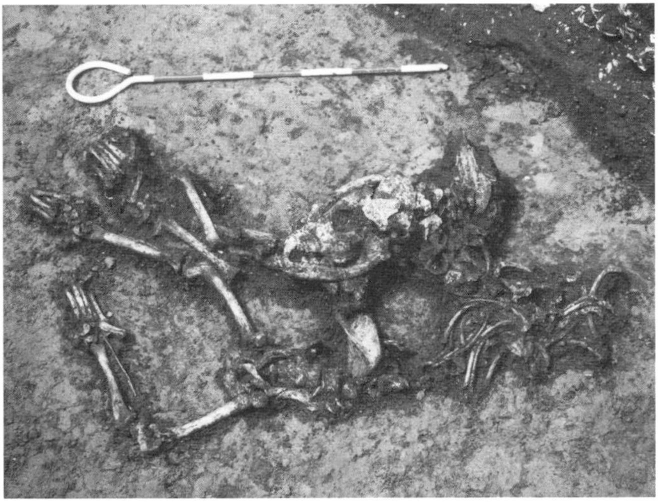

▲在青森縣二森貝塚挖掘出埋葬的幼犬，專家推估是繩文時代中期的母狗。

指的是騎馬射三個靶，笠懸是騎馬射懸掛的標靶。犬追物則是讓狗在特定範圍內奔跑，武士騎在馬上，用箭射狗。不過，此時會使用不會讓狗受傷的箭。

進入室町時代（一三三六至一五七三年）之後，日本與歐洲之間的貿易（南蠻貿易）往來日漸興盛，歐洲的狗也開始傳入日本。大名（相當於中國的諸侯）在打獵時會帶著格雷伊獵犬、獒犬等大型西洋犬隨行，突顯武家主公的身分地位。

© 東京都立中央圖書館特別文庫室所藏

◀鎌倉時代興起的「犬追物」，是武士必備的騎射技能。

在昭和時代之前日本的狗過著放養生活

江戶時代（一六〇三至一八六七年），狗可以在城鎮裡自由活動。雖然可能受到人類或其他動物的攻擊，但德川幕府第五代將軍德川綱吉十分喜歡動物，愛狗成痴，甚至頒布《生類憐憫令》，保護城鎮裡狗兒們的性命。由於《生類憐憫令》重視狗的生命勝過人類，招致不少批評。《生類憐憫令》將狗稱為「狗大人」，只要人類稍有不慎，做出虐待狗的行為就會受到懲罰。當時還設置了類似現行收容所的機構，讓狗兒們能受到悉心呵護。

當時城鎮裡到處是流浪狗，江戶時代中期之後，一般百姓也開始養狗當寵物。價格昂貴的小型寵物犬一直是上流階級的最愛，但到了江戶時代後期，也成為庶民的生活夥伴。日本開國後，許多外國文物從長崎的港口進入日本，相關紀錄顯示，當時有幾十種狗傳入日本。由此可見，日本人也很喜歡養寵物犬。

狗在外交上也發揮了重要作用。率領艦隊駛入江戶灣浦賀海面的美國海軍將領培里因黑船來航事件名留青史，他將幕府送的日本狆帶回美國，便在美國掀起一股飼養日

◀歐美國家掀起飼養日本狆的風潮，成為貴族之間爭相追逐的寵物犬。

本狆的風潮。

順帶一提，專門販售日本狆給大名與富裕的商人、富豪的狆屋，也兼營現代寵物店和育種者的工作。

在此之前，日本沒有用繩子綁狗的習慣，通常都是讓狗自由自在的到處活動。不過，開國之後因為擔心狂犬病肆虐，幕府開始捕捉沒有名牌的流浪犬。

▲迫使日本開國的美國海軍將領培里。他第二次來日本時，在回國之前幕府送了日本狆給他。

▼日本開國之後，日本人稱呼外國人為異人，還將他們的日常生活畫成畫。許多畫作都能看到外國人帶到日本生活的西洋犬。上圖為異人在廚房的情景，旁邊有一隻白狗。

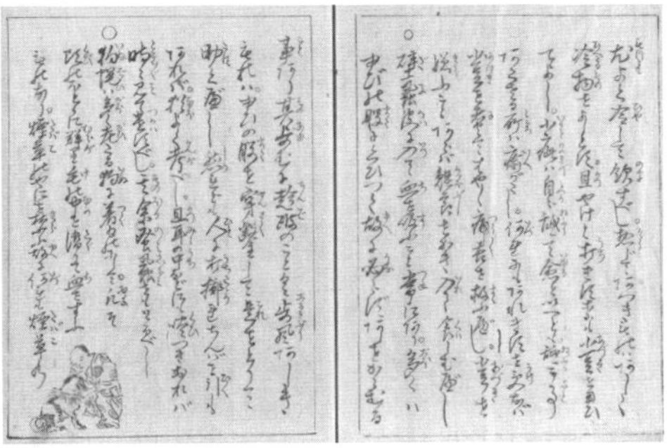

▲這是撰寫於江戶時代的《犬狗養畜傳》，是狗的飼養說明書。

昭和二十五年（一九五〇年）日本政府制定了狂犬病預防法，民眾開始用繩子綁狗或遛狗。現在日本人已經習慣將狗養在室內，外出遛狗時使用牽繩，避免狗吠叫、咬人或造成其他人的困擾，甚至引發交通事故。

探索！

江戶時代的狗會去伊勢神宮和金刀比羅宮參拜！

江戶時代禁止庶民自由旅行，但允許一般百姓前往大型寺廟和神社參拜，使得參拜旅遊十分盛行。當時沒有電車、巴士和汽車，大多數人都是徒步旅行，途中還要住宿或遊覽風景，必須花費許多金錢與時間。許多百姓即使想出遊也沒辦法，於是興起了由其他人代為參拜的「代參」習俗。

代替別人參拜的不只是人，根據文獻記載，也有狗代替自己的飼主前往寺廟和神社參拜。

位於現在香川縣的金刀比羅宮，將代替飼主參拜的狗稱為「金毘羅狗」。金毘羅狗的脖子掛著一個寫有「金毘羅參拜」的袋子，裡面有飼主的名牌、香油錢、整段旅程的狗糧費用等。

伊勢神宮位於現在的三重縣，前往參拜的狗之中也有名犬。在福島縣須賀川擔任村長的市原家，其寵物犬小白曾經代替飼主前往伊勢神宮參拜。小白的脖子上綁著一個包袱，裡面放著錢，還有寫著小白的名字和「請告訴我前往伊勢的路該怎麼走」的紙條。小白利用這個方式順利前往伊勢參拜，兩個月後神采奕奕的回家。它脖子上的包袱裡放著伊勢神宮的御札、記錄收取參拜的紙張、旅程食物費用單，還有剩下來的錢。小白十分有名，牠的墳墓就在須賀川的十念寺裡。

人類徒步旅行很辛苦，狗兒代替飼主出門參拜還能夠順利完成整段旅程，真是不簡單。

▶位於香川縣琴平町的金刀比羅宮境內有金毘羅狗的銅像。

寵物筆

同樣的問題我好像問了很多次，
可是媽媽就是不同意!!
不管你問我幾次，我的答案都是一樣。
不行就是不行!!
你提出養寵物的要求，結果又被拒絕啦。
是啊，不知道是第幾次了。
我知道！
連這次加起來……
總共一百次囉。
別生氣嘛。我借你個好道具，當作一百次的紀念好了。
「寵物筆」。
Pet Pen
用這支筆畫在紙上的狗或貓會變成寵物喔。
真的嗎!?

Q 忠犬八公是什麼犬種？①北海道犬 ②秋田犬 ③柴犬

只不過，
有件事我得先提醒你……
畫在紙上的動物跟真的動物一樣，都得好好疼愛牠、照顧牠才行喔。
知道了啦！「寵物筆」快借我吧！
我一直想要有一隻很大很大的狗。
啊，畫錯了啦。
「吸墨紙」也借你好了。
只要放一下，墨水就會消失了。
不可以隨便亂畫喔。起碼看著圖鑑畫吧！
喔。
這是牧羊犬。
牧羊犬!?
活起來了。
フワリ
※晃動
啊，動了！

A ②秋田犬。海倫・凱勒聽說了忠犬八公的故事，後來訪問日本時就帶了一隻秋田犬回美國。

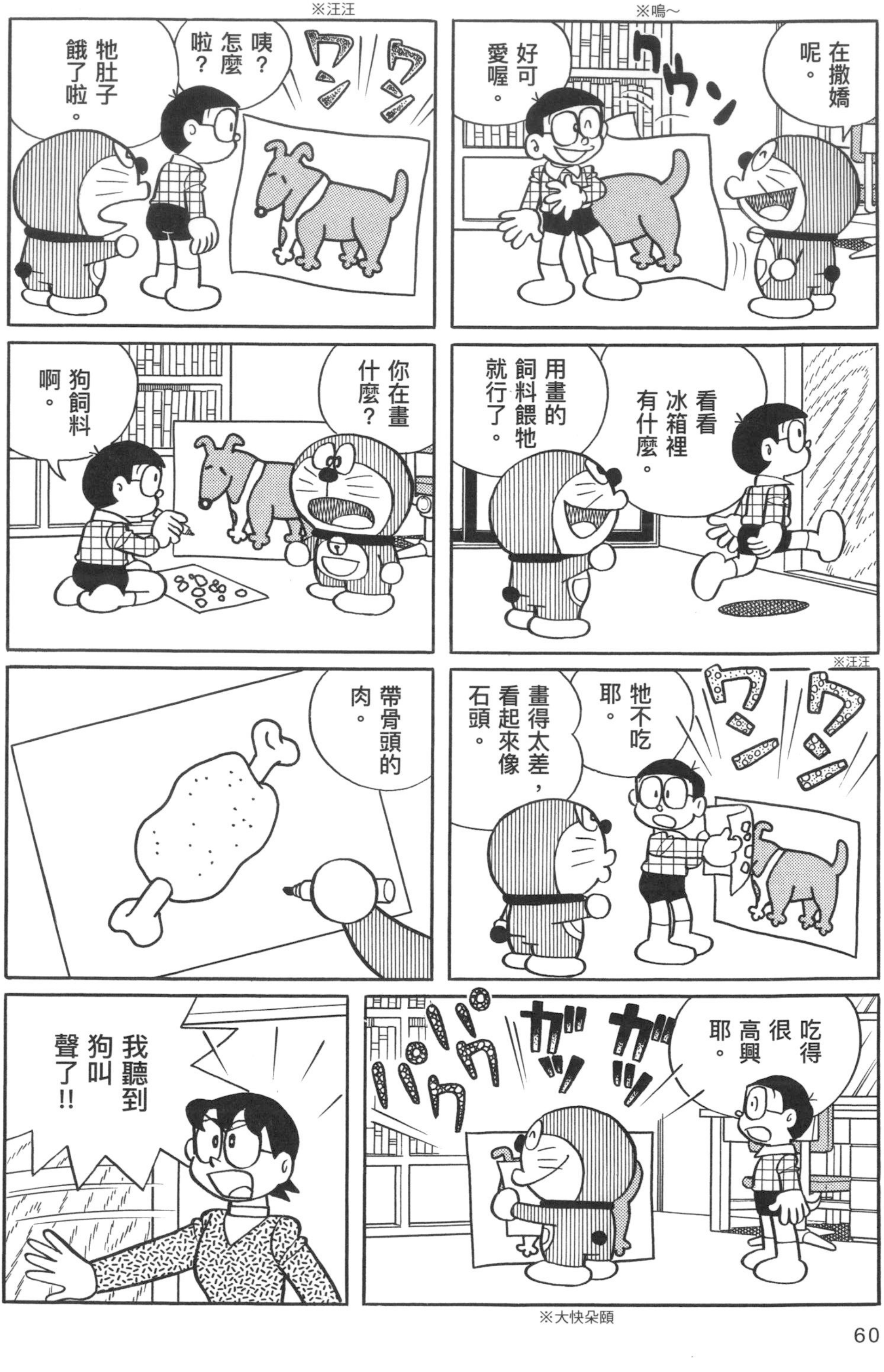

※嗚～
クゥン
在撒嬌呢。
好可愛喔。
※汪汪
ワンワン
咦？怎麼啦？
牠肚子餓了啦。
看看冰箱裡有什麼。
用畫的飼料餵牠就行了。
你在畫什麼？
狗飼料啊。
※汪汪
ワンワン
牠不吃耶。
畫得太差，看起來像石頭。
帶骨頭的肉。
吃得很高興耶。
ガツガツ
パクパク
※大快朵頤
我聽到狗叫聲了!!

汪星人呼喚項圈Q&A

Q 專門繁殖動物的人叫做什麼？

A 育種者。為了保留犬種特徵繁殖純種犬。

不是跟你說過……
不可以養狗的嗎……
畫在紙上的狗也不行啊!?
不……不是的……
這樣就可以養寵物了。
萊西!
我帶你出去散步吧!
鼾……
喂，萊西!
萊西!
鼾鼾~
這隻狗怎麼這麼懶惰啊?
一般都說寵物會像主人。
ムク
ピュウ

※晃動

※飛奔

看見嗎？剛剛跑得超快的。
不知道牠跑到哪裡去了？
尿尿要到外面!!
很難擦掉耶。
因為是簽字筆墨水的尿啊。
※汪汪汪
※汪汪汪
那是媽媽啦！剛剛才看過的就忘了。
跟主人一樣笨耶。
別這麼說!!

A 真的。一隻名為萊卡的流浪犬搭乘蘇聯（現在的俄羅斯）的太空船上太空。

我絕不會放棄牠。我會把牠養成一隻好狗。
有志氣!!
我們來訓練牠吧！
聽好喔，好好記住這個味道……
快！去撿回來!!
還沒找到啊？
花太多時間了吧！
好像弄丟了。
開什麼玩笑啊!!
唬—
喵嗚！
喵嗚!!

被貓嚇到跑回家了。
牠跑進吸墨紙裡去了啦。
都是這支筆不好。
是筆的問題嗎？
想用就拿去用吧。
哇，好像很好玩耶。
我一直想要一隻鸚鵡呢。
我喜歡無尾熊。
我一直想要熊貓。

探索！

最原始的犬科藪犬究竟是什麼樣的動物？

原本在森林生活的小古貓，開始定居在草原之後，演化成犬科動物（包括狗在內）的祖先。部分小古貓不只在草原定居，還棲息在森林和水邊，依照生活型態演化出適合的生物特徵。主要棲息在南美北部到中部熱帶雨林的藪犬，從一千萬年前到現在幾乎沒有任何變化，還保有犬科中最原始的特徵。

藪犬的體長大約為五十五到七十五公分，尾巴長度約為十五公分，小耳短腿的身形和同為犬科且外型較為原始的貍略微相似。短腿比較方便在樹叢中活動，加上藪犬喜歡有水的環境，其腳趾上有蹼，擅長游泳。

藪犬會在土中挖洞，平時住在洞穴裡。警戒心很強，每天住在不同地方。洞穴很窄，很難轉身，因此藪犬已經學會從頭部進入洞穴，出來時直接往後退的特技。不僅如此，遇到危險需要逃跑時，藪犬也會以後退的方式逃跑，可說是行動相當靈活的動物。

藪犬獵食時會全家一起出動，捕捉洞穴裡的老鼠。有趣的是，藪犬一家分工合作，有的負責挖洞，有的負責將土運出去。

由此可見，藪犬可說是家庭羈絆很深的動物。

如今藪犬已經被列為近危物種，日本的神奈川縣橫濱動物園 Zoorasia、埼玉縣兒童動物自然公園、愛知縣的東山動物園都有藪犬。有機會的話，各位不妨前往這些地方，欣賞可愛的藪犬吧！

▶藪犬的腳趾上有蹼，擅長游泳。

© Cynet Photo

誠如漫畫〈寵物筆〉的內容，仔細觀察狗的身體，就會更想知道其身體各部位的作用。

在第一章中有說明過，狗的祖先離開森林，開始在草原生活。草原的藏匿處較少，必須獵食體型比自己大或跑得比自己快的獵物。由於這個緣故，狗必須盡可能快速移動攻擊獵物，或是與其他夥伴一起圍捕獵物。究竟狗的身體部位各有哪些作用呢？

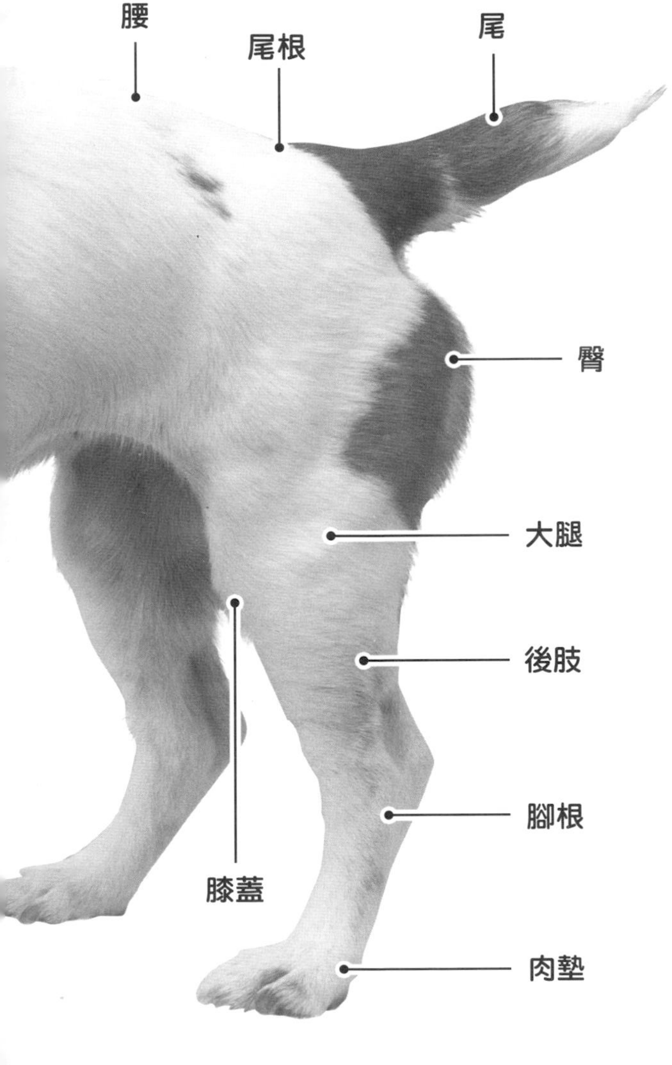

狗的各個身體部位怎麼稱呼？

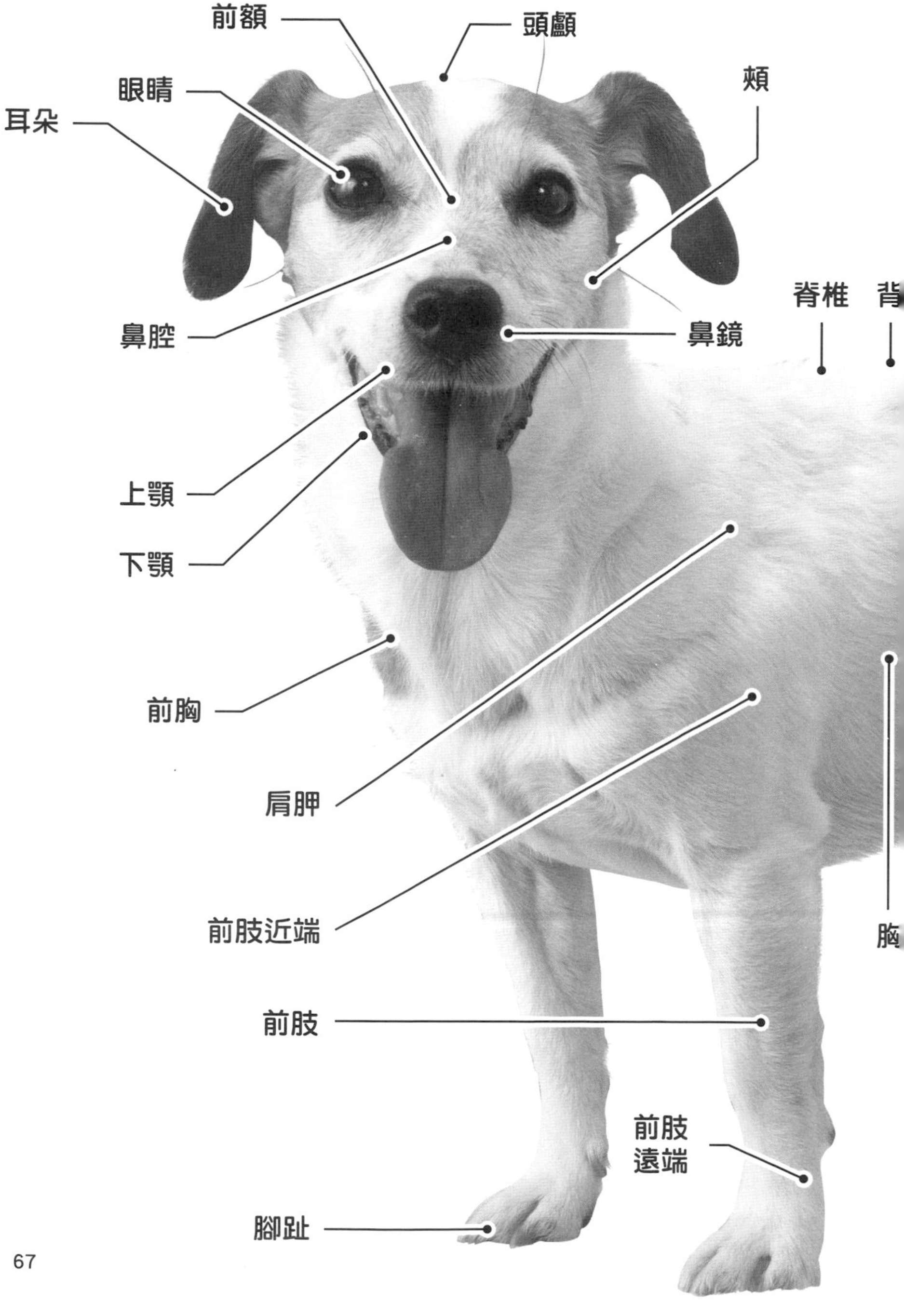
前額
頭顱
眼睛
頰
耳朵
脊椎
背
鼻腔
鼻鏡
上顎
下顎
前胸
肩胛
前肢近端
胸
前肢
前肢
遠端
腳趾

狗的身體構造適合快速奔跑

狗和貓的祖先都是小古貓，狗的祖先來到草原捕捉獵物，貓的祖先選擇在森林生活，兩者的身體結構截然不同。

首先，在廣闊草原中如果跑得慢，獵物就會逃走。為了往前跨出大步伐，加快奔跑速度，狗沒有鎖骨，肩胛骨透過肌肉附著在身體兩側，只能前後活動。

另一方面，貓咪有小型鎖骨，肩胛骨位於脖子後方，雖然鎖骨很小，但足以讓貓能夠張開前腳，攀爬樹木。狗狗沒有鎖骨，所以不會爬樹。

此外，貓可以張開前肢捕捉獵物，但狗沒有鎖骨，肩胛骨只能前後活動，所以捕捉獵物時不會使用前肢，而是用嘴咬。

獵食動物不是跑得快就能捉到獵物，當獵物在追逐過程瞬間變換方向，獵食動物必須立刻因應，否則只能眼睜睜的讓獵物逃走。為了迅速改變方向，狗的背骨相當柔軟。

尾巴是幫助迅速改變身體方向的重要部位。觀察狗的尾巴，會發現有些犬種的尾巴是捲的，有些是直的，形狀各有不同。基本上，狗變換身體方向時，需要尾巴保持平衡。此外，狗也會透過搖尾巴、使尾巴下垂等方式，表達自己的心情。

▲狗的前肢無法做出複雜動作，平時也是用後肢搔頭。

狗只靠趾尖走路跑步

狗沒有鎖骨，前肢無法左右張開，但可以穩定的站在地上，快速奔跑時還能突然停止，改變前進方向。狗可以快速奔跑、穩定的站在地上還不容易骨折的原因是狗前肢的橈骨與尺骨緊密的結合在一起。這個道理就跟一根筷子容易折斷，一把筷子很難折斷的道理一樣。不過，狗的腿骨並非絕對不會斷，各位如果養狗，抱狗時一定要小心，避免狗不小心摔落。

狗的後肢結構也很適合快速奔跑。狗是屬於趾行動物，平時只靠趾尖走路和跑步。這樣的步行方法不容易疲累，可以走很久、走很遠。就像是人類在跑步時腳跟不落地，只靠腳尖踩地並往上蹬那樣。話說回來，狗連站立時，腳跟也不著地，或許這個姿勢比較方便牠隨時奔跑。

順帶一提，狗的腳掌接觸地面的部分叫「肉墊」，是由纖維和膠原蛋白形成的皮膚肉囊。在狗急速奔跑或用力踩地時，有助於吸收衝擊力。

狗的「懸趾」相當於人類的大拇指，生長的位置較高，碰不到地面。趾尖雖然有爪子，但狗不會爬樹，捕獵物時也不會用到前肢，因此狗狗的爪子不像貓咪那樣的銳利。

© PIXTA

▶狗都是踮著趾尖走路。

不同犬種使用肌肉的方式不一樣

狗後肢的膝部同樣無法左右張開，與前肢只能前後活動相同，後肢也只能前後活動。對於狗來說，比起讓前後腳左右張開的動作，四肢俐落的前後活動才能提升跑步速度。

誠如先前提到的，狗的肩胛骨是透過肌肉附著在身體上。肌肉的運用方式對狗來說很重要，上半身肌肉是控制狗執行各種動作的關鍵。

各犬種發達的肌肉不同。舉例來說，瞬間爆發力較強的犬種可以瞬間加速，其全身肌肉中，「快縮肌」的比例較高。而適合搬運貨物、拉雪撬的犬種則以「慢縮肌」的比例較高，具有超強持久力。

主人帶狗出門打獵前，通常會先訓練牠將打到的獵物咬回來，或啣回主人身邊。由於這個緣故，適合打獵的犬種顎部肌肉較發達，可以長時間咬住獵物，不會疲累。獵犬的頭部也有許多肌肉，可以張大嘴巴咬住獵物，加上有肌肉拉住，下顎不容易脫臼。

© PIXTA

▲透過犬種改良，誕生出適合打獵，具有瞬間爆發力的狗狗。

狗的牙齒數量很多 適合撕裂肉類

牙齒也是狗捕捉獵物的重要關鍵。小狗的乳牙有二十八顆，出生後七個月到一歲之間開始換牙，長出恆齒。狗的恆齒有四十二顆，人類平均為二十八到三十二顆，因此狗的恆齒比人類多出十顆左右。狗屬於「接近雜食的肉食動物」，牙齒有用來抓住獵物的「門牙」、勾住獵物肉的「犬齒」，以及磨碎肉類的「臼齒」。

狗的飲食型態是「接近雜食的肉食性」，腸子的長度約為體長的六倍。同為肉食動物的貓，腸子長度約為體長的三到四倍，比狗短。草食動物的牛，腸子長度約為體長的二十二到二十七倍，比狗長許多。大多數人都將狗視為雜食動物，從腸子長度來看，可以發現狗比較接近肉食動物。

觀察狗的嘴巴，可以看到旁邊有許多小小的突出物，看起來很像苦瓜的表面。這些突出物就像牙刷一樣，當狗狗閉上嘴時，突出物會碰到牙齒，協助清理食物殘渣。

不同犬種的鼻子長度和大小皆不一樣，鼻頭處類似橡膠的粗糙部位稱為「鼻鏡」，隨時保持溼潤狀態。專家認為狗是靠鼻鏡掌握風向，鼻鏡如果乾燥就無法發揮作用，所以狗會舔自己的鼻子，使鼻子保持溼潤。就像人類有指紋，狗的鼻子也有獨特的「鼻紋」。要是狗用牠的鼻子惡作劇，主人可以靠鼻紋找出真正的搗蛋鬼。

▲人類的牙齒適合磨碎食物，狗的牙齒則是以撕裂食物為主。

基本的頭形和耳朵形狀皆承襲自狼

狗的頭形各有不同。

多數的狗和牠們的祖先狼一樣是「中吻」，比「中吻」長的稱為「長吻」，比「中吻」短的稱為「短吻」，短到沒有鼻梁的稱為「超短吻」。

從鼻梁延伸出去，臉型細長的長吻犬種跑步速度較快，就像車頭很長的新幹線一樣急速狂奔。短吻與超短吻的犬種在嘴裡咬著獵物時仍能維持呼吸。

人類為了滿足自己的需求，特地改良犬種，使狗演化出各式各樣的吻型和鼻梁。

狗的耳朵形狀以立耳居多，這是承襲自狼祖先的外型特徵。和主人一起外出打獵時，為了避免獵槍聲音造成狗的耳膜受損，人類利用交配的方式改良出垂耳犬。其他還有聽力絕佳的大耳狗，以及前端有些許摺痕的摺耳狗。

狗的耳朵形狀也是依照人類的工作需求或追求美麗外表，改良出各種不同的外型。

順帶一提，無論任何犬種，狗在狗媽媽肚子裡的時候，耳朵都是往下垂的，所以幼犬時期的狗都是垂耳。

狗耳朵的肌肉比人類耳朵發達，耳朵能夠朝著聲音的來源自由轉動，因此狗能精準判斷發出聲音的方向。相較於人類可以分辨出十六個聲音來源方向，狗可以感受到三十二個聲音來源方向。

不僅如此，狗感受聲音的範圍也比人類廣。

長吻型

中吻型

短吻型

狗的毛色各有不同，表現犬種個性

大多數狗的身上都有一層「被毛」，被毛種類很多，依照出身地點和犬種不同。一般來說，狗身上有兩層毛，位於身體表面的長毛稱為「衛毛（護毛）」，覆蓋皮膚的短毛稱為「底毛」。底毛在寒冷季節會大量生長，溫暖季節則會脫落。長毛和掉毛的時期稱為「換毛期」。有些狗只有單層毛，身上沒有底毛。

狗的被毛就像人類穿的外套一樣，具有調整體溫的功效，除了可以禦寒，還能阻擋雨和雪，避免皮膚浸溼。不僅如此，也能保護皮膚，避免皮膚受傷。各犬種的被毛長度、硬度與顏色都不一樣。

被毛的下方有皮膚，但是狗不會從皮膚排汗，而是透過腳底的肉墊揮發汗水，調節體溫，這一點與人類不同。當排汗中的肉墊在地面上行走，就會在地上留下自己的味道。

除了肉墊之外，狗還會透過喘氣，也就是快速呼吸的方式排出體內熱氣。在炎熱的日子或從事大量運動之後，狗狗的喘氣速度也會變快。

© PIXTA

▲各犬種被毛的生長方式有所不同。

運動神經控制器

ババババ
※啪啪啪啪
ババ
バババ
很有魄力吧？
這是我那很迷遙控直升機的小吉哥做給我的。
和我無關。
反正他根本就不想讓我碰。

!?
這是怎麼回事？
辛苦了。
來，這是約好要給你的香腸。
那隻狗怎麼了？

汪星人呼喚項圈Q&A

Q 臘腸犬原產自哪個國家？①德國 ②法國 ③英國

A
①德國。從體型大小和毛的種類區分，可分成九種。

「運動神經控制器」。
它可以刺激動物的中樞神經、控制肌肉……
簡單的說，就是把動物變成可遙控的機器。
實驗一下讓我看看。
※咻
※啪
看好了，把這個操作桿往上，
右手就會舉起來。
放開後，手就會放下。
讓我試試看。
這樣的話，就會站起來。
抬起右腳，
※起立
※跨步

※跨步
接著是左腳。
ピョコ
※撲倒
你太笨了。
不過還真好玩。
好想再試一下。
可以裝在那隻貓身上嗎？
喵喵喵喵？
喵喵。
喵!?喵喵！喵喵喵!!
喵喵喵喵喵喵!!
真是隻貪心的貓。
我說要牠當遙控貓，牠竟要求十人份的生魚片，最後才以一堆小魚乾成交。

汪星人呼喚項圈Q&A

Q

鬥牛犬是德國的代表犬種，這是真的嗎？

A 假的。鬥牛犬是英國的代表犬種。

原來如此，就好像操縱自己的身體一樣。
ピョンコ
ピョンコ
※跳、跳
連我不會的倒立也會。
啊，是小夫。
喂～
你怎麼無精打采的？
嗚……嗚嗚……
被胖虎搶走了～～
咦……那架遙控直升機嗎？

汪星人呼喚項圈Q&A

Q 西藏寺廟視為守護神的是哪個犬種？

A 西藏㹴。相傳如果不好好愛護西藏㹴，就會錯失好運氣。

※、咚、啪噠
竟然敢偷我的直升機！
臭貓！
可惡！
※抓、抓
借我玩一下吧。
很難操縱喔！
※啪噠啪噠
糟了!!
※墜毀

他們兩個都生氣了。
沒法回家了。
真狡猾!!

誠如在漫畫〈運動神經控制器〉中登場的動物，狗不只跑得快，還能聽見人類聽不見的聲音，聞到細微味道，具備各種出色的能力。

狗從很久以前就和人類一起生活，擁有許多對人類有益的能力。人類為了滿足自己的需求，特地放大狗的祖先——狼的優點，改良出感官更為敏銳的犬種。

狗的世界是黃色的

狗的祖先主要以棲息在草原的草食動物為食物來源。廣闊的草原很難找到藏身處，獵物必須巧妙隱藏自己的行蹤，或是具有快速逃跑的能力，才能避免被獵食者攻擊。

為了能精準掌握獵物的些微動態，狗的眼睛具有很強的動態物體追蹤能力。即使有一段距離，也能瞬間掌握移動中的物體位置，發揮瞬間爆發力，全力衝刺捕捉獵物。

另外，狗眼中的世界和人類看見的世界在顏色上大不相同。人類擁有三種視錐細胞，可以辨別紅、綠、藍等三種顏色。但狗體內的視錐細胞比人類少，只能看見紫色、藍色和黃色。綠色在牠的眼中是淡黃色，紅色是

◀狗狗的視野比人類寬廣。

深黃色。由於這個緣故，當我們為狗狗挑選玩具時，無論你選的是紅色、綠色或黃色玩具，在狗兒眼裡看到的都是黃色玩具。

儘管狗看到的顏色比人類少，但狗在暗處的視力卻比人類還要好。人類的視桿細胞較少，身處於燈光昏暗的地方時，很難看清楚東西。相較之下，狗的視桿細胞比人類多，在暗處也能清楚辨別事物，夜視能力比人類更好。

狗能聽見的高音比人類高出一倍

聲音是透過空氣振動傳遞的，空氣的振動傳遞至耳中使耳膜振動，此振動又傳遞至聽小骨，轉換成電波訊息後傳給大腦，這就是人類聽得見聲音的生理機制。空氣振動的次數決定聲音的高低，聲音高低的數值以赫茲表示。

人類和狗聽見聲音的生理機制都一樣，不過，狗可以聽見的高音範圍比人類還廣。人類只能聽見十六到兩萬赫茲的聲音，狗可以聽見六十五到四萬五千赫茲的聲音。數字越大，聲音就越高。

簡單來說，狗可以聽見的高音比人類高出一倍。人類無法聽見棲息在草原的小動物發出的超音波，但狗狗可以清楚聽見超音波轉換成的聲音。

狗訓練師特地運用這一項生理特性，在訓練狗時使用「狗哨」。狗哨發出的聲音人類聽不見，只有狗聽得見。

© PIXTA

▶不同的犬種會對不同的聲音產生反應。

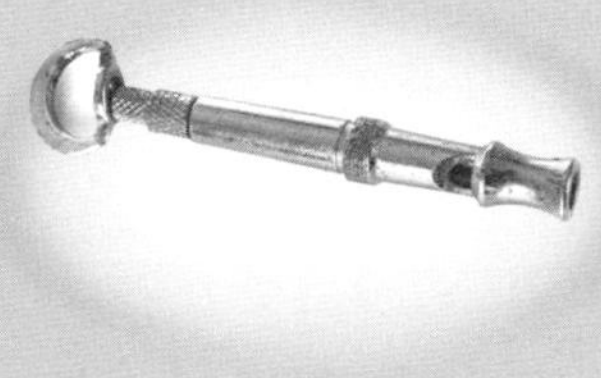

◀狗哨又稱高爾頓音笛，取名自發明者法蘭西斯・高爾頓。

© PIXTA

此外，在說明耳朵形狀的章節中，已經提過狗很擅長分辨聲音從什麼地方傳來。人類只能分辨出十六個發出聲音的方向，但狗可以分辨出三十二個方向。

如果仔細觀察狗的耳朵，會發現狗耳朵常常抖動，這是因為狗耳朵的肌肉發達，可以轉動耳朵方向，確認聲音來源。

立耳狗聽見的聲音比垂耳狗清楚，不過，垂耳狗也會抖動耳朵，分辨聲音的來源。狗可以隨心所欲的往前後左右活動自己的耳朵，有時候狗也會歪著頭，以便能更清楚的辨別聲音來源。狗狗歪頭聽聲音的姿勢相當可愛，總是能融化人類的心。

狗聽得懂許多人類說的話

狗雖然不會說人話，但某種程度上聽得懂人類對牠說的話。專家認為狗記住語言的能力，和人類的三歲小孩差不多。

只要經過訓練，狗能夠依照人類下達的「握手」、「趴下」等指令做出相對應的動作。幫布偶娃娃取名字，再要求狗叼特定名字的娃娃過來，通常狗也都能順利完成任務。

© PIXTA

▲狗的智商相當於人類的幼兒。

經常被挑選為警犬的德國牧羊犬、邊境牧羊犬等犬種特別容易訓練，有些狗甚至能記住超過兩百個單字。據說狗很會分辨人類發出的母音。

值得注意的是，若有人訓斥我們或說出難聽的話，我們一定會感到難過，同樣的，狗也會希望訓練過程充滿歡樂。因此，訓練狗狗時一定要以正面的方式傳遞我們想說的話。當狗學會一項技能，一定要多多讚美或給予點心當作獎勵。如此一來，狗狗就能越學越快，越學越多。

狗的鼻子比人類的靈敏一千到一億倍

狗是嗅覺很敏銳的動物。出門散步時，狗一定會用鼻子嗅聞地面。

動物辨別味道的能力，取決於鼻腔中的黏膜「嗅上皮」的範圍（表面積）。人類的嗅上皮約為四平方公分大小，狗約為十八到一百五十平方公分，因犬種而異。小型狗的嗅上皮表面積為人類的四倍以上，大型狗可以超過三十五倍。由於狗的鼻子比人類突出，使得嗅上皮的表面積較大。

嗅細胞是感受味道的細胞，人類約有五百萬到兩千萬個，但狗的可以高達七千萬到兩億兩千萬個。嗅細胞有細細的嗅毛，可以收集氣味來源，狗的嗅毛比其他動物多，因此狗的鼻子比人類靈敏一千到一億倍。

不僅如此，狗的大腦也很擅長分析從味道中獲得的情報。專家研究後發現，狗用來分析味道資訊的大腦區域大約為人類的四十倍。狗受惠於靈敏的鼻子，可以追蹤獵物。只要些微味道，狗就能辨識出經過該場所的動物或人類，或是找到要找的東西。即使味道變淡，人類已聞不出來，狗還是能清楚分辨。

© PIXTA

▶訓練狗時要一邊稱讚，一邊關注狗的心情。

▶狗的靈敏鼻子承襲自野生的狼。

© PIXTA

善用狗的鼻子 在各領域發光發熱

狗很會分辨生物的味道，警犬與搜救犬就是以人類的汗味為目標，找出人類所在的位置。

各犬種辨別味道的能力不同，擅長從血味追蹤獵物的尋血獵犬是世界各國最常用來當警犬的犬種。狗不只能辨識動物、人類和物品的味道，有些狗還能夠找出眼睛看不見的「疾病」。這類狗稱為「健康偵測犬（嗅癌犬）」，未來可望透過嗅聞的方式，幫助人類早期發現癌症。

根據美國的研究報告，嗅癌犬可以從人類呼出的氣息辨識對方是否罹癌，準確度超過九成。嗅癌犬聞到的都是人類從未感受過的味道。

日本的嗅癌犬可以從人類尿液偵測是否罹癌，準確度高達百分之九十九點七，真是令人佩服。

話說回來，目前還不清楚癌症患者身上究竟有什麼味道，但隨著研究越來越深入，狗兒們一定可以拯救更多的人。

法國和義大利有許多松露犬，牠們專門尋找生長於

▲狗互聞對方的屁股，是一種打招呼的方式。

© PIXTA

▲以松露犬聞名的拉戈托羅馬閣挪露犬。

森林中，世界三大珍饈之一的高級菌類「松露」。其中以拉戈托羅馬閣挪露犬最為知名。過去有一段時間，人氣寵物玩具貴賓犬也是十分活躍的松露犬。

順帶一提，各位是否看過狗聞著其他狗身上（特別是屁股）味道的情景？狗的屁股有一對腺體稱為「肛門腺」，裡面存放每隻狗特有的味道。狗只要聞肛門腺釋放出來的味道，就能認出對方。狗也會聞人類的屁股，藉此確認味道。

因此，當你遇到狗想要聞你的屁股，這代表「牠想認識你」。話說回來，由於人類沒有肛門腺，狗可能聞不出什麼味道。

狗其實不講究味道？

包括人類和狗在內的動物，都是靠舌頭表面的味覺感受器「味蕾」感受食物味道。一個味蕾有數十個味覺細胞，可以接收甜味、鹹味、酸味、苦味、鮮味等食物味道的構成分子，傳遞至大腦，讓人類感受各種味道。

人類有超過一萬個味蕾，但狗卻只有一千七百個，比人類少了許多，因此牠們不像人類可以分辨出味道的細微差異。

狗最容易感受到的是甜味，牠們最愛吃番薯和水果等甜味食物。不過，千萬不能因此就餵牠們吃人類的甜點，避免導致牠們生病。

此外，狗也能感受到肉類含有的胺基酸甜味。狗對鹹味比較不敏感，因此很可能在不知情的狀況下攝取過量鹽分，養狗的人一定要特別注意。

遛狗時經常可看到狗吃著路邊野草，狗雖然是接近雜食的肉食動物，但牠們並非是因為好吃才吃草。當牠們覺得肚子不舒服，感覺想吐時，就會吃富含纖維的草，調理肚子狀況。不過，也有些狗吃草是覺得草的口感很有趣，或是覺得用牙齒撕裂草的過程很好玩。

© PIXTA

▲給狗吃人類的食物，容易導致狗營養不良，一定要特別小心。

皮膚和被毛是感應器

物體接觸到皮膚產生的感覺稱為「觸覺」。狗全身長滿被毛，但觸覺比人類還敏銳。腳掌的肉墊和肉墊之間的凹溝布滿神經，可以感受到振動。狗一邊在地面行走，一邊確認地面是否平穩安全，同時感受自己的奔跑速度。

此外，狗毛根部有感覺接受器，簡單來說，就是感應器。狗利用感應器感受空氣流動並感測障礙物，大腦接收相關情報後，就能判斷是否該避開或安全通過。

狗的鬍鬚和眉毛十分敏感，稱為「感覺毛」。大家應該常常看到狗抖動牠們的鬍鬚和眉毛吧？這就是牠們透過感覺毛（感應器）感應空氣流動等細微變化的證據。

有些狗喜歡游泳，有些狗討厭游泳

各位是否曾在游泳池裡游過狗爬式？與雙手往兩旁划動的蛙式不同，狗爬式的泳姿是雙手在胸前前後划動，這正是狗的游泳姿勢，因此得名。

在第四章〈深入了解狗的身體結構〉曾經說過，狗沒有鎖骨，肩胛骨透過肌肉附著在身體兩側，前肢只能前後活動，因此才以這樣的姿勢游泳。

相較於天性怕水的貓咪，有些犬種是天生的游泳高手，十分喜歡玩水。玩具貴賓犬與黃金獵犬都是獵人去獵水鳥時會一起帶去的狩獵夥伴，這類獵犬深諳水性，看到水就很開心。這類狗只要經過訓練，就能發揮天生的能力救援溺水的人，稱為「水難搜救犬」。

話說回來，不是所有的狗都會游泳。法國鬥牛犬與巴哥犬等頭的比例較身體大的短吻犬種不擅長游泳，如果沒有經過專業訓練，短吻犬種很可能溺死。從過去歷史來看，柴犬也不喜歡水，不擅長游泳。

儘管不擅長游泳，但是有些犬種是陸路高手。舉例來說，臘腸犬與㹴犬是人類為了捕捉穴居動物改良出來的犬種，牠們很擅長挖土尋找獵物。這類犬種最喜歡挖洞。如果身處的環境沒辦法挖洞，牠們會在家裡挖地毯，發揮天性。

除此之外，狗還有各種能力。只要發揮不同犬種的特性，持續改良，就能進一步提升狗的潛力。

▲在游泳池裡開心游動的狗。

薪水遺失大騷動

我跟你說過幾百次了，領完薪水就要馬上回家啊。
話是這麼說沒錯，可是我怎麼能拒絕課長的邀約啊。
什麼!?爸爸昨天喝醉酒把薪水袋弄丟了!?
開什麼玩笑啊？
那這個月要怎麼過活啊？
小孩子用不著擔心這麼多。

我想起來了！
我記得昨天好像交給你們保管了。
別亂說啊。
竟然把責任推給小孩子，實在是太差勁了。
你仔細想想，昨晚回家經過了哪些地方？
我們好像先到天橋下賣關東煮的小攤喝酒……
嗯………
後來喝醉酒，就什麼都記不得了。
我先去派出所報個案吧。
為了以防萬一，
課長那邊也問一下好了。
這可不得了了。
我們來調查一下爸爸昨晚的去向吧。
坐「時光機」回到昨晚。

汪星人呼喚項圈Q&A

Q 狗為什麼會伸出舌頭喘氣？①因為想吃飯 ②調節體溫 ③代替發聲

A ②調節體溫。天氣熱的時候以喘氣代替排汗，讓唾液蒸發，降低體溫。

爸爸說他到天橋下關東煮小攤的時間……
好像是八點半左右吧。
おでん
就是那家吧？
爸爸還沒來耶。
課長，今晚實在不太方便耶。
喝一杯沒什麼關係的啦！
他們等一下就要開始喝了嗎？
那我喝一杯就好了喔。
那個課長也真是的。
歡迎光臨！
一杯就好。
おでん
薪水這時候……的確還在啊。

※颯～
ピウ
※不耐煩
イラ イラ
一旦喝起酒來，大概會喝很久吧。
他們開始唱起歌來了啦。
おでん
他們到底打算怎麼樣啊？
爸爸喝了酒是不會冷，
可是我們冷到不行啊。
我們來跑馬拉松吧。
嘿咻，嘿咻。
嗚汪!!
汪汪汪汪
真是倒楣透頂耶。

汪星人呼喚項圈Q&A

Q 狗聚在一起時，為什麼要互聞屁股的味道？①打招呼 ②打架 ③玩遊戲

A ① 打招呼。狗聞對方的屁股就能知道對方的所有資訊。

おでん
啊，他們兩個都走了！
如果爸爸有平安到家就好了。
汪汪
呀啊！
汪汪
剛剛那隻狗不知道又在追誰了。
你、你的東西掉了！
跟我們無關。
やきとり
那不是……
不是已經喝很多了嗎？
再來一杯！
嗝！

※醉醺醺

汪星人呼喚項圈Q&A

Q 狗能在體內製造維他命C，這是真的嗎？

A 真的。人類的身體無法自行合成維他命C，但是狗可以。

※乒碰

Q 有些食物絕對不能給狗狗吃，這是真的嗎？

再坐一次時光機回去看看吧。
還要再來一次啊？真受不了耶。
這次碰到爸爸之後，非得馬上跟他拿薪水過來保管不可。
趁他弄丟之前。
剛剛這個時候的我們正被狗追著跑。
おでん
什麼？你要幫我保管啊？真謝謝你啊，這樣我就可以放心的喝了。
!?
這麼晚了你們還跑出來做什麼!?
嗚汪
呀啊！
汪汪汪

A 真的。不是所有人類能吃的食物，都可以給狗吃。舉例來說，洋蔥可能導致狗貧血。

回家吧。
累死我了。
監視的工作可真辛苦啊。
什麼!?你說什麼!?你把薪水袋給弄丟了？我們到底是為了什麼才去那裡的啊？
太好了，幸好在派出所找到了。
我剛剛一問究竟……
才知道弄丟薪水袋的好像是大雄和哆啦A夢耶……
你又把責任推到小孩子身上去了。
媽媽你就別再罵爸爸了啦，反正薪水順利找回來就好了嘛……

探索！知名文豪愛狗小趣聞

有幾位家喻戶曉的小說家是眾所皆知的愛狗人士，《伊豆舞孃》的作者川端康成（一八九九至一九七二年）就是其中一例。一九六八年，川端康成成為首位榮獲諾貝爾文學獎的日本人，他在家裡養了許多狗，與其交好的小說家朋友都說「他家到處都是狗毛」。川端康成在〈愛犬家心得〉文章中寫道：「狗是家庭成員。」這在當時是十分先進的想法。

以《暗夜行路》等作品影響無數小說家，被譽為「小說之神」的志賀直哉（一八八三至一九七一年），為了讓愛犬和孩子過得更舒服，親自設計自己的家，愛狗之心由此可見一斑。有一次，他的愛犬小熊走失了。志賀直哉在偶然機會下，坐公車時看到小熊就在路邊，立刻要求公車駕駛停車，跑到小熊身邊，順利將小熊帶回家。

另外，以《恩仇之外》等小說聞名的作家菊池寬（一八八八至一九四八年）據說養過各種不同的狗狗，包括蘇格蘭㹴犬等小型犬與格雷伊獵犬等大型犬。無論是寫小說或睡覺，菊池寬隨時隨地都與狗作伴。即使狗打擾他工作、咬破被子或把家裡弄得一團亂，他都不曾罵過狗狗。在以前那個年代，一般人都是用打罵的方式訓練狗，但菊池寬對於狗的關愛與包容，十分接近現代的觀念。

▲據說志賀直哉的家裡隨時都有兩到三隻狗。

命令槍

再跑我就開槍!!
你是開玩笑的吧？
別玩了，很危險耶。
我是認真的。
不寫作業，每天只想玩。
你今天一定要乖乖寫作業。
你管太多了吧！
我要出去玩了。
ズドドッ
※乓
我中槍了。
……奇怪？怎麼一點都不會痛啊？
ムクリ
※坐起
トコトコトコ
※咚咚咚

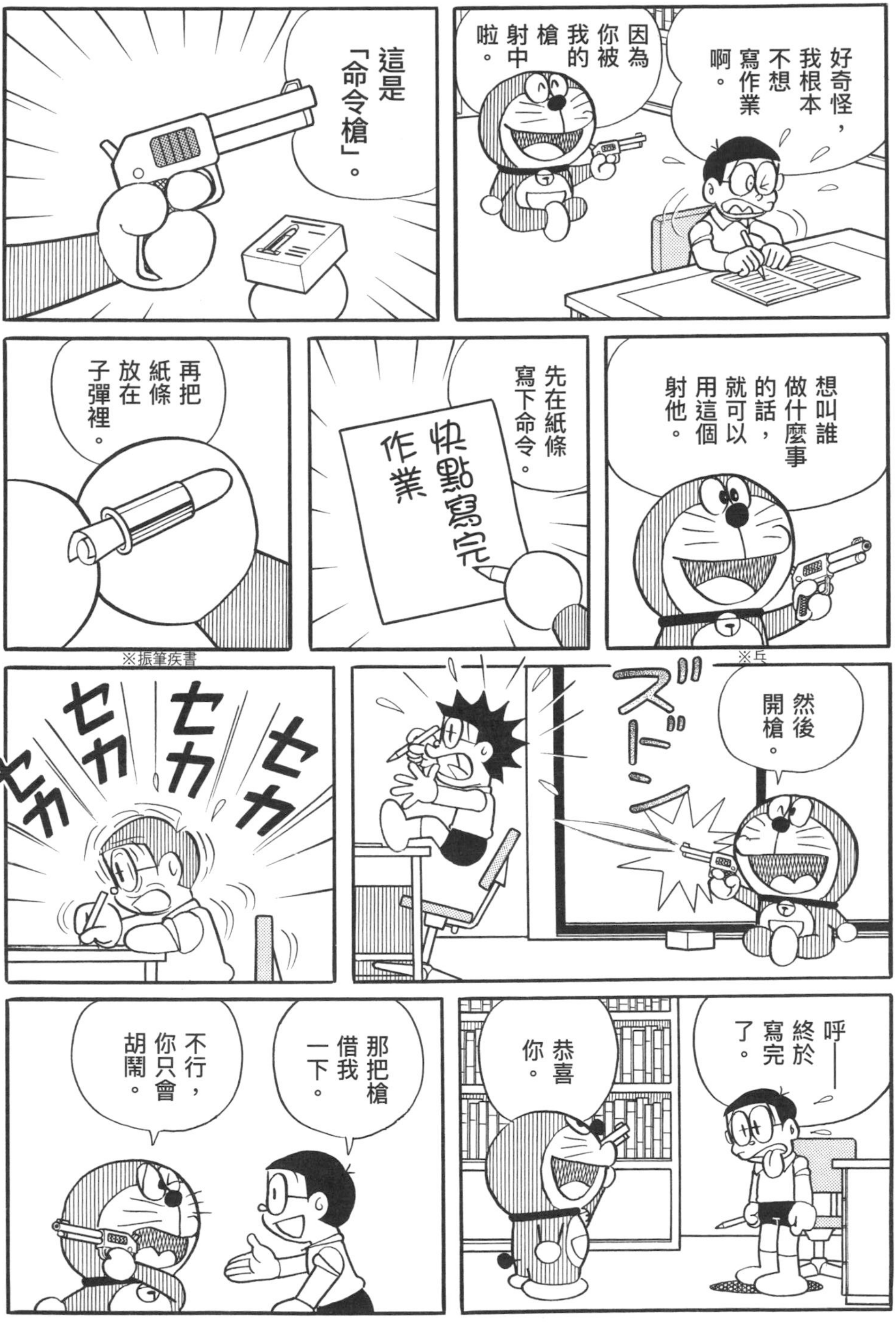
好奇怪，我根本不想寫作業啊。
因為你被我的槍射中啦。
這是「命令槍」。
想叫誰做什麼事的話，就可以用這個射他。
先在紙條寫下命令。
快點寫完作業
再把紙條放在子彈裡。
※兵
然後開槍。
ズドン
※振筆疾書
セカセカセカセカ
呼——終於寫完了。
恭喜你。
那把槍借我一下。
不行，你只會胡鬧。

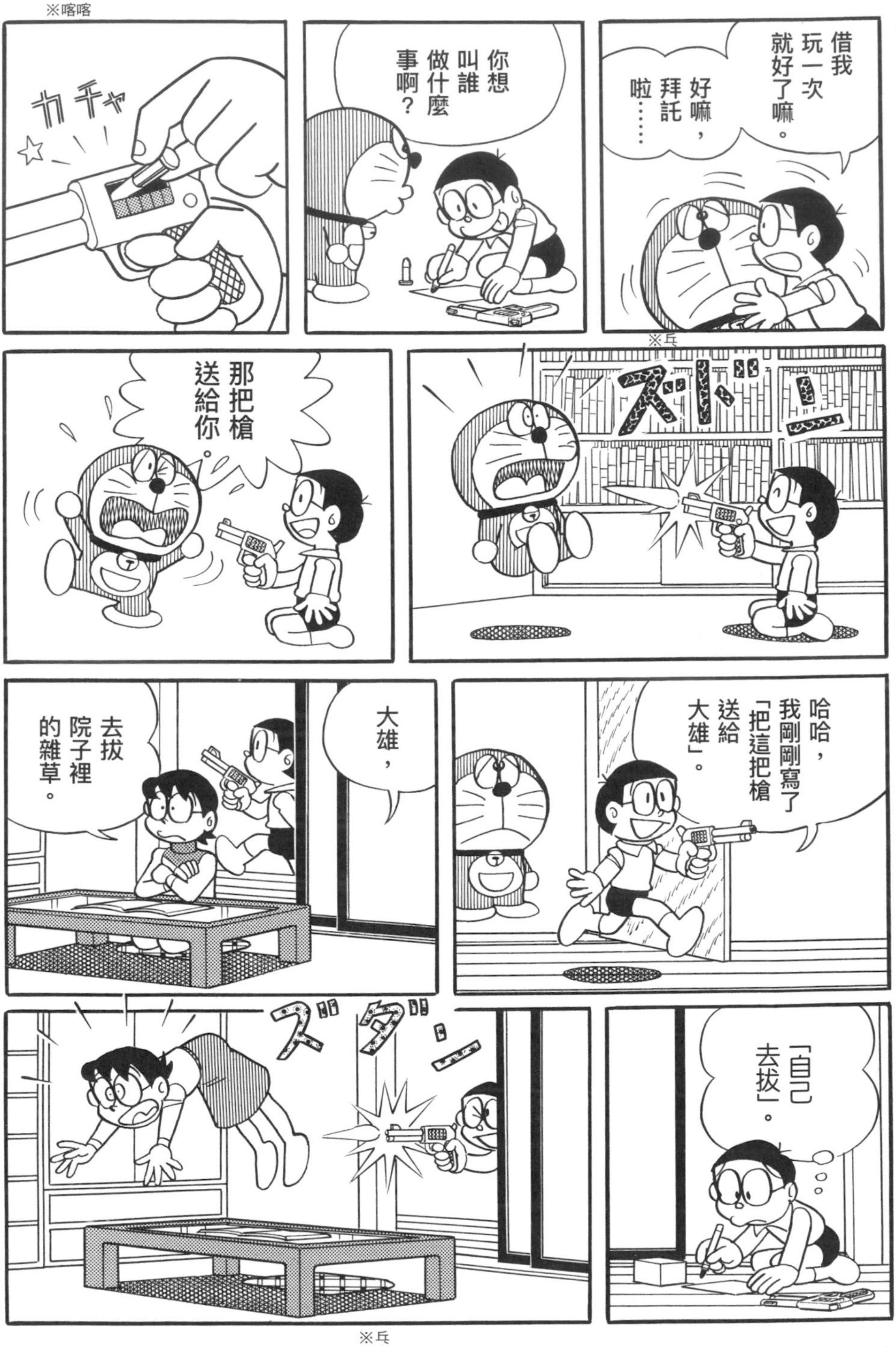
借我玩一次就好了嘛。
好嘛，拜託啦……
你想叫誰做什麼事啊？
カチャ
※喀喀
ズドドーン
※乓
那把槍送給你。
哈哈，我剛剛寫了「把這把槍送給大雄」。
大雄，
去拔院子裡的雜草。
「自己去拔」。
ズダーン
※乓

汪星人呼喚項圈Q&A

Q 狗沒有鎖骨，這是真的嗎？

A 真的。狗沒有鎖骨，所以前肢無法做出複雜動作，連搔頭都是用後肢。

※拔、拔

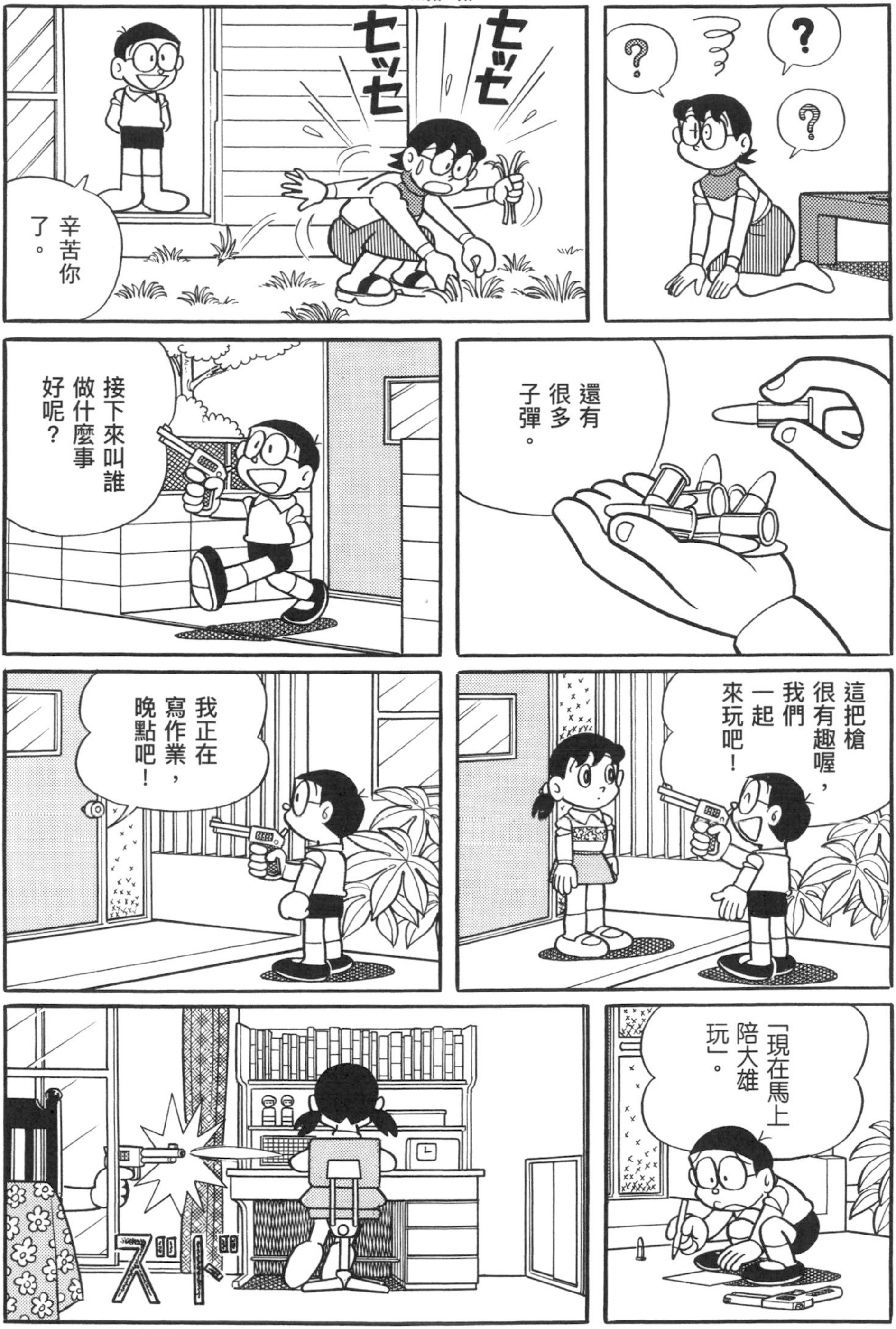

？
？
？
セッセ
セッセ
辛苦你了。
還有很多子彈。
接下來叫誰做什麼事好呢？
這把槍很有趣喔，我們一起來玩吧！
我正在寫作業，晚點吧！
「現在馬上陪大雄玩」。

※乓

Q 發出狗聽得見的聲音，用來訓練狗的哨子稱為什麼？

沒騙你，真的很好玩啦。
我試給你看。
來讓貓咪跳舞吧！
※乒
將命令寫在紙上……
ズドン
※乒
ズドン
※乒
※手舞足蹈
ピョコタン
ピョコタン
ズドン
ズドン
ズドン
※乒
怎麼樣？很厲害吧！

A 狗哨。利用人類聽不見的聲音，對狗下達指令。

媽媽拔草拔得氣呼呼的呢！
真的嗎……
對了。
命令他們兩個去拔草好了。
給我站住！
我才不要咧。
ズドン
※乓
為什麼我非得拔草不可啊？
老師，您別拔了啦！
快想想辦法啊。

第6章

了解狗的飼養方法

家裡養狗的人是否也曾像漫畫〈薪水遺失大騷動〉的內容一樣被狗吠呢？各位的居家環境是否適合狗居住呢？絕對不能像漫畫〈命令槍〉這樣成天命令狗，採取高壓管理。接下來，一起學習養狗的基本方法吧！

養狗究竟是怎麼一回事呢？

養狗就是把狗當成家庭成員一樣對待，因為「看起來好可愛」、「和狗狗玩很開心」等理由養狗，都不是把狗當家人對待的正確態度。

當你想讓家裡新添一位狗家人時，首先一定要理解你未來的人生將與這位狗家人一起度過，同時也要深刻體認和狗一起生活是怎麼一回事。

養狗很花錢。根據日本的統計資料，養一隻狗到終老平均支出的費用超過兩百萬日圓（大約台幣四十六萬元），飼養費因犬種而異。如果狗是購買的，有些犬種光是購買費用就超過百萬日圓。養狗還要付出時間照顧與陪伴，不可能像以前沒養狗一樣隨心所欲的過日子。

養狗之後，每天都要清理狗的排泄物、帶牠出門散步、餵食等。各位一定要審慎評估，自己是否每天都能做好這些事情。

狗的壽命因犬種不同，但基

▼絕對不能因為狗狗可愛就輕易飼養，必須先和家人充分討論。

© PIXTA

本上狗的平均壽命約為十到十五歲。各位要做好心理準備，若從現在開始養，十五年後是否還能維持初衷，好好珍惜狗家人？家裡的生活環境是否適合狗居住？是否會危害狗的安全？當狗生病、受傷時，你能帶狗去動物醫院治療嗎？你能好好訓練狗，讓牠守規矩嗎？當狗年紀大了，外表和年輕時不一樣，你還能同樣愛牠嗎？

各位一定要先和自己的家人好好討論這些事情，再決定是否要飼養狗。

你想和什麼樣的狗狗一起生活？

即使想養狗，你知道該從何處領養什麼樣的狗嗎？目前經過認證的犬種約為三百到八百種（因認證團體而異），狗的種類可說是相當多樣，突然問你想養什麼狗，可能也說不出來。要先決定養什麼狗，或是先決定從哪裡領養或購買，也很難立刻有答案。

雖說是想養狗，但狗的外型差異極大。有些超小型犬的體重不到一公斤，體長也只有二十公分；有些超大型犬體重超過五十公斤，體長和身高都超過八十公分，更不用說還有許多介於兩者之間的犬種。

若要和大型犬一起生活，必須準備寬敞的生活空間，不能讓狗感到空間狹窄。如果是需要每天大量活動的狗，飼主必須擁有足夠的體力，帶狗出門散步玩耍或運動。

有些犬種的體力較差，稍微走一會兒就覺得累，很可能遛狗到一半就要把牠放在外出籠或寵物推車裡帶著走。

此外，有些犬種很會吠叫或需要主人細心照顧，有些除了每天要梳毛之外，還要定期上寵物美容院修毛。

▲通常公狗給人愛撒嬌的印象，母狗讓人覺得個性溫和。　© PIXTA

在正式養狗之前，各位一定要和家人好好商量，確定自己想養什麼狗，要養成犬還是幼犬，這些都要列入考慮。

領養還是購買？慎選才能遇到有緣的狗家人

很多地方都能領養或購買狗狗，許多人都是從專門販售寵物用品的店家購買狗。各位如果要在寵物用品店買狗，一定要注意店內以及飼育區是否整潔、店員對待狗和客人的態度是否適當、面對客人的詢問是否親切回答、是否提供完善的售後服務等。

有些人會向專門繁殖與飼育狗的育種者購買犬隻。育種者最重要的貢獻之一，就是根據正確的交配知識，以對的方式繁殖狗，維持純正血統。若是由遵守規定、信譽良好的育種者悉心養育的親犬交配出來的幼犬，各位可以安心購買。

確實做好飼育管理的育種者會讓同一胎的兄弟姊妹一起成長，讓狗從小就懂得如何與其他狗溝通相處。不僅如此，各位也可以在育種場所看到狗爸爸和狗媽媽，容易想像幼犬未來成長後的情景。

最近不少商家或民眾透過網路隨意販售或讓渡動物，其中不乏缺少專業知識的非專業育種者，刻意讓不同犬種的狗交配出混種狗，放在網路上販售，各位一定要小心注意。

向地方政府設立的收容所或民間收容團體領養流浪狗，是最近受到注目的方法。這些機構內的犬隻通常是遭人棄養或被通報走失的，例如飼主因故無法繼續養、育種者因繁殖和飼養方式不正確而遭到官方沒入，或是受到地震

▶狗的懷孕週期約為九週。

© PIXTA

等災害影響流離失所等。

若要從民間團體領養狗狗，請務必了解該團體的背景，裡面的狗都是怎麼來的，這些狗是否真的受到悉心安置等，說明得越詳細的民間團體，可信度越高。

飼養狗狗時 要先準備的東西

一旦決定養狗，就要開始做準備。狗狗從踏進家門那一天起，便展開新生活。首先要準備狗吃的狗糧、放狗糧的碗以及上廁所使用的物品。如果養在室內，要準備尿布墊，讓狗大小便。由於狗是站在尿布墊上廁所，準備一個放尿布墊的便盆，可以避免尿布墊滑動。有些狗狗不喜歡尿布墊放在睡窩旁，建議將尿布墊放在離狗睡窩遠一點的地方。

使用狗柵欄在家中圍出一個讓狗休息的地方，可以讓狗安心生活，也有助於主人訓練狗守規矩。

準備一個狗睡的床也是不錯的選擇，無論是裡面有鋪棉的狗睡墊，或是將帶狗去動物醫院時使用的外出籠當成狗窩使用都可以。平時讓狗養成進外出籠的習慣，需要去醫院時就很輕鬆。

狗被帶到新環境的第一天會很緊張，請先不要急著理牠，讓牠慢慢適應環境。有些狗緊張過度時會吐，或不想吃飯，應事先找好住家附近的動物醫院，以備不時之需。

一般來說，動物需要一週的時間適應新環境，這段期間請勿勉強狗狗，在一旁默默關心即可。

還有，不要忘記準備給狗玩的玩具！狗最喜歡玩球或拉繩子，也很喜歡咬布偶自得其樂。黃金獵犬之類的獵犬很擅長玩投擲遊戲，飼主丟出玩具後，黃金獵犬就會跑去將玩具叼回來給飼主。飼主發出「撿回來」的指令，黃金獵犬就會興奮的完成任務。

每種狗適合的玩具尺寸與材質都不一樣，請

© PIXTA

▲思考重點是讓狗住得舒服，家裡也要準備玩具。

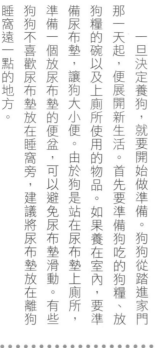

務必選擇適合自己家狗狗的玩具，而且一定要確認是否安全。

狗的日常生活必備事物與注意事項

如果可以，每天早晚各帶狗出門散步一次。遛狗時一定要用項圈或背帶繫著牽繩控制狗的行動，避免造成往來行人與鄰居的困擾。

© PIXTA

▶下雨和下雪的日子也要遛狗。

牽繩太長容易纏到路邊的東西，阻礙他人通行；牽繩太短狗會被拉著走，很容易造成危險。為了避免狗狗暴衝，請選擇長度適中的牽繩，以雙手可以確實握住的長度為宜，太長太短都不好。

狗會在散步途中尿尿或上大號，請隨身攜帶塑膠袋和水，方便處理狗狗的排泄物。

最近比較鼓勵將狗養在室內，養在戶外可能遭遇許多危險，也可能被蚊子叮或是感冒生病。狗也和人一樣怕冷怕熱，雖然適合各犬種的最佳氣溫不同，但基本上攝氏二十到二十四度是狗兒們覺得最舒適的氣溫，家中的空調溫度不妨設定在這個區間。

產生明火的瓦斯爐對狗來說也很危險，應避免讓狗直接碰觸，杜絕玩耍時碰倒，或因為太靠近導致被毛著火或燙傷的可能性。

隨時整理家裡避免狗狗誤食

除此之外，許多人類覺得好用或喜歡的東西，也會威脅狗狗的生命安全。有些植物會使狗中毒，應避免放在狗的生活區域，以免發生誤食危險。

使用香氛精油時也要特別注意，狗如果不小心舔到殺蟲劑也可能引發中毒，要收在狗看不見的地方。

插頭和筆記型電腦的備品等電器類物品有可能導致狗觸電，若狗拿來玩或啃咬，也會造品損壞，請務必加上防護設備，不讓狗有機會接觸。

狗狗充滿好奇心，對任何東西都感興趣，一不小心就會誤食。不只是小型玩具容易誤食，嘴巴較大的大型犬就連鋼圈胸罩都可能吃下去。誤食對狗來說十分危險，若情況危急，還可能要進醫院手術才能排除異物。請務必隨時打掃家裡，維持整潔。

© PIXTA

▲狗和人類的幼兒一樣，誤食很可能危及性命，平時應勤於整理家裡。

家裡如果鋪設木地板，腳毛較長的犬種在木地板上行走很容易滑倒，建議鋪上地毯。不過，雖然地毯對狗狗比較好，但也可能勾到爪子，導致危險，因此要適時幫狗剪指甲。最好準備狗用的指甲剪，需要時就很方便。如果自己不會剪，也能到動物醫院請獸醫師幫忙。

如果飼養小型犬或短腿犬種，可能很難跳上沙發，或是勉強跳上卻傷到腰腿。建議在沙發前面放置小凳子，當台階使用。

與狗一起生活越久，越容易摸清楚不同狗的特性，也知道狗需要哪些東西。喜歡惡作劇的狗或天生貪吃、總是搶人類食物的狗，不妨在廚房前設置柵欄，避免狗兒溜進廚房。此外，別忘了用兒童安全鎖鎖住廚房櫃子門，預防狗打開櫃子門偷吃東西。

玄關等人們經常進出的場所也要設置柵欄，可以避免客人來訪時嚇到狗，飛奔出去，導致狗走失。

飼養狗狗的責任與義務

日本政府規定，飼養狗時必須在三十天之內，向自己居住的市區町村公所登記。完成登記後，必須將地方政府發放的「鑑札」（狗狗的身分證）掛在狗的項圈上。鑑札上登載著狗的名字、飼主名字等相關資料，萬一狗不小心走失後被熱心人士發現，就能順利將狗送回飼主身邊。

此外，還要定期注射狂犬病疫苗，避免狗染上可怕的狂犬病。根據日本政府規定，在開始飼養狗的三十天之內，飼主必須帶狗到動物醫院接種狂犬病疫苗，拿到「狂犬病預防注射完成證明」後，再到自己居住的市區町村公所登記。此時地方政府會發放「狂犬病預防注射完成票證」，此證明也要戴在狗的項圈上。

飼主每年都有義務帶狗注射狂犬病疫苗。除了狂犬病之外，還要定期注射各種疾病的預防針。避免狗在出門散步的過程中接觸病菌，意外染上傳染病。

除了鑑札之外，現在日本政府也鼓勵飼主為狗兒植入「晶片」。根據日本政府在二〇二二年六月一日修正的《動物愛護管理法》，寵物用品店和育種者等販售業者，有義務為售出的狗植入登載狗資料的晶片。

之前在三一一大地震期間，許多狗與飼主因而分開，最後流落街頭。為了避免悲劇再次發生，才有這項規定。如果是已經飼養卻還沒植入晶片的狗，請務必向狗常去的動物醫院諮詢。

另一方面，如果是飼養幼犬，請務必詢問獸醫師的意見，在適當的時候為狗兒結紮。若是尚未結紮的成犬，也要諮詢獸醫師的意見。若不打算讓狗生育，請務必結紮，避免狗因發情受苦，導致精神壓力，母狗還能避免子宮相關疾病的發生。

定期讓狗接受健康檢查，做好健康管理。發現狗食量減少或沒有精神等身體狀況出現微妙變化時，代表狗很可能生病了。

平時應仔細觀察狗的狀況，如果生病也較容易早期發現早期治療。

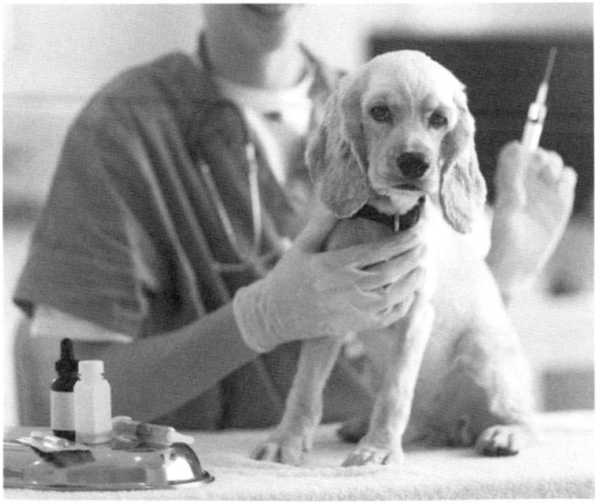
© PIXTA

▶狗去醫院看病也會緊張，請務必在一旁陪伴安撫。

找主人機

媽媽。
我的鞋子少了一隻耶。
你又沒把門關好對吧！
你功課做了嗎？
這和鞋子沒關係啊。
該做的事情不做就只知道玩！
對不起。
媽媽的心情不好，別去招惹她比較好喔。
發生什麼事了嗎？

好像是她剛買的包包不見了。
聽說本來是放在走廊的。
咦～～為什麼會不見啊？
我放在這裡晾乾的雨傘跑哪去了啊？
我怎麼知道啊？
隔壁鄰居也一樣耶。
應該是狗叼走的吧？
不知道是誰家的狗叼走的。
真會給人添麻煩，害我被媽媽罵。
那是誰家的狗呢？
說到這附近的狗嘛……
有靜香家的佩羅，
胖虎家的酷哥，
小一家的阿宏，
小咪家的公主，
然後還有……

汪星人呼喚項圈Q&A

Q 甲斐犬的故鄉是甲斐國，請問甲斐國是現在日本的哪個縣？

A 山梨縣。甲斐犬的功能就是在山區打獵。

這附近的狗太多了，根本找不出犯人嘛。
有沒有探測器是能找出哪隻狗偷的啊？
對了！可以用這個試看看。
「找主人機」。
把這個機器發出的放射線對準某個物品……
與其用說的，直接試給你看比較快。
把放射線對準眼鏡。
※嗡嗡嗡
啊、啊？眼鏡動了耶！
才動一下就掉地上了。
ゴロン
※晃動

因為你整天都在睡午覺，
眼鏡也傳染到你的習性了。
意思是只要用放射線照射物品，就能從物品動向推測出主人。
原來如此！
反過來說只要調查狗狗的物品，如果物品有偷盜的傾向，就代表那隻狗是犯人！
那把附近狗狗們的餐具，
都收集過來吧！
咦？你要佩羅的餐盤？
你想拿來做什麼？
我很快就會還你。
？
我正在唸書，
你自己去後面拿吧。
啊…牠正在吃飯呢……
借我一下喔。

汪星人呼喚項圈Q&A Q 「Papillon」在法文代表什麼意思？ ①兔子 ②蝴蝶 ③狸

A ②蝴蝶。由於耳朵形狀像蝴蝶展翅的模樣而得名，中文稱為「蝴蝶犬」。

把鞋子擺在這裡。
ジジジジ
※嗡嗡嗡
ガチャ
ガッチャ
ガチャ
※嘎鏘、嘎鏘
哇哇，牠們開始打架了。
公主的盤子，要離遠一點。
乖啦，不要打架！
酷哥的力氣也太大了吧。
這個愛撒嬌的是波奇。
好痛！牠在咬我啊。
啊！

汪星人呼喚項圈Q&A

Q 法國鬥牛犬的耳朵稱為什麼？①蝙蝠耳 ②好耳 ③蝴蝶耳

鞋子被拿走了。
是小一家的阿宏拿的！
你、你啊……居然幹這種事……
你這笨狗笨狗、笨狗。
算了，別這麼生氣嘛。
阿宏牠應該也沒有惡意啦。
我們家老爸很嚴厲，
如果這件事被他知道了，阿宏會被帶到其他地方丟掉的。
這怎麼行呢！
只要把這隻鞋子和其他東西偷偷還回去就沒有問題了。
可是我根本不知道東西的主人是誰啊。
有方法可以物歸原主喔。
※嗡嗡嗡

A ① 蝙蝠耳。由於耳朵形狀像蝙蝠展翅的模樣而得名。

Q 大麥町是美國許多消防局的吉祥物，這是真的嗎？

動起來了耶。
觀察每個東西的動作來判斷失主吧。
※颯喀颯喀
※砰
這種焦急的走路方式是誰啊。
是小夫，超好認的。
セカセカ
※喀噹
動作粗魯的是胖虎。
這隻鞋子怎麼拖拖拉拉的。
啊～居然還絆倒了呢。
原來是我的啊。
走路會把傘撐這麼高的，是隔壁的瀨高小姐。
既然知道主人是誰，就快還回去吧。
要偷偷的還喔。

A 真的。相傳在消防車還是馬車的年代，大麥町跟著馬一起出任務，幫馬車開路。

雖說都是狗，但種類相當多。狗的種類稱為「犬種」，根據世界各地的認證團體資料，目前經過認證的犬種從三百種到八百種都有，種類繁多。儘管狗的外觀和個性大相逕庭，但犬種的學名都是「犬」（*Canis lupus familiaris*）。

一九一一年，德國、奧地利、比利時、法國、荷蘭五個國家成立世界畜犬聯盟（FCI），統合各個國家的畜犬團體。根據FCI的認定，全世界有三百五十二個犬種（二〇二〇年三月的資料）。依照人類的飼養目的、外型、姿態、能力等標準，將三百五十二個犬種分成十大類。日本畜犬協會（Japan Kennel Club）也是FCI的會員之一，在三百五十二個犬種中登錄了兩百種左右（分類方式與FCI相同）。接著一起來看看狗兒們一共分成哪十大類。

第一犬種群

牧羊牛犬群

在牧場指引牛羊等家畜的前進方向，避免家畜遭受狼等野生動物攻擊的犬群。

潘布魯克威爾斯柯基犬

在威爾斯潘布魯克地方飼育的犬種，深受歷代英國皇室的喜愛。個性友善，腿很短，身體結構強健，具有爆發力，可迅速移動。原產地：英國

喜樂蒂牧羊犬

原生於英國的謝德蘭群島，由當地歷史悠久的小型看家犬，和漁夫從外地帶來的狐狸犬混種而成。帶有美麗的長毛，最愛主人，個性溫馴。
原產地：英國

影像皆來自 © PIXTA

第二犬種群

工作犬群

網羅看家犬、警護犬、工作犬的犬群。山難搜救犬也屬於這個類別。

大丹犬

專家認為大丹犬是由一種古代鬥牛犬和獵捕野豬的獵犬混種而成。公狗的身高超過80cm，全身都是肌肉。個性溫馴，具有超強忍耐力。
原產地：德國

聖伯納犬

由十七世紀在瑞士高地飼養的狗改良而成，協助救護在山上受到雪和霧影響、無法動彈的旅客。身形很大，身材結實，親近人類，個性穩定。
原產地：瑞士

杜賓犬

最初是由路易斯・杜賓（Karl Friedrich Louis Dobermann）繁殖出來的犬種，因此得名。身強體健，是很活躍的警衛犬。警戒心強，忠於家人，工作能力也高。原產地：德國

邊境牧羊犬

八到十一世紀，維京人將負責管理馴鹿的畜牧犬帶入英國，與當地的牧羊犬交配，誕生出邊境牧羊犬。邊境牧羊犬是工作犬，十分聰明，工作能力強，具有超強持久力。
原產地：英國

第三犬種群

㹴犬

㹴犬的拉丁文「terra」，是「泥土」的意思。善於挖土，獵捕穴居的狐狸等小型動物。

約克夏㹴

由黑褐㹴、曼徹斯特㹴等犬種交配而成，誕生於1850年代。又長又直的毛十分漂亮，屬於玩具㹴。個性謹慎又聰明，身形小巧，勇氣十足。
原產地：英國

傑克羅素㹴

由約翰・羅素牧師在1800年代改良獵狐㹴而成。原本的身高較高，但最近以身高較矮的犬種為主流。個性活潑機靈，擅長挖洞。
原產地：英國

西高地白㹴

其祖先為最古老的白色凱恩㹴。屬於純白色小型犬，天真活潑，動作敏捷，喜歡惡作劇。個性開朗友善。
原產地：英國

第四犬種群

臘腸犬

臘腸犬是獵捕穴居的獾與兔子的獵犬。依體型大小分成標準型、迷你型及兔子型。

臘腸犬

臘腸犬的德文是Dachshund，「Dachs」的意思是獾，「hund」的意思是狗。從中世紀起，臘腸犬就是獵捕小型穴居動物的狩獵高手。身體很長，腿很短，肌肉發達，可迅速追捕獵物。鼻子很靈敏。標準型為35～50cm以下，迷你型為30～40cm以下，兔子型為25～30cm左右。
原產地：德國

影像皆來自 © PIXTA

小知識

每當狗狗和主人四目交接就會分泌幸福賀爾蒙

只要和自己養的狗狗四目交接，心情就會變得很祥和，感到很療癒，相信很多人都有這樣的經驗。

事實上，根據日本麻布大學的研究結果，當狗和主人對上眼，體內就會分泌有幸福賀爾蒙之稱的「催產素」，這一點已經有科學實證。

催產素是媽媽最重要的賀爾蒙，可促進乳汁分泌，具有療癒人心、減輕痛苦的作用。

目前已知與狗四目相對的飼主，會分泌比平時高出三倍左右的幸福賀爾蒙。不僅如此，狗體內的催產素濃度也會增加。

這就是當你和狗四目相對時，心情會感到放鬆的原因。由於狗和自己的主人對上眼，體內的催產素也會增加，因此當狗身邊有自己最愛的家人，牠也會感到安心自在。

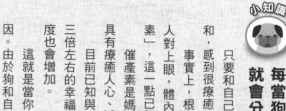

第五犬種群
狐狸犬及原始型犬

帶有原始姿態的犬群，是其他犬種特性的起源，日本犬也屬於此類別。狐狸犬的原文Spitz是德文，帶有「尖銳」的意思。

柴犬

日文「柴」是「小」的意思，柴犬是日本的土著犬，擅長獵捕小動物。由於柴犬經常與西洋犬交配，純種柴犬越來越少，已被日本政府指定為天然紀念物。柴犬忠於家人，身體強健、肌肉發達。原產地：日本

西伯利亞哈士奇

棲息在接近北極的高緯度地區，屬於愛斯基摩犬的一種，與阿拉斯加雪橇犬、薩摩耶犬是親戚。擅長拉雪橇和船。個性低調順從，肌肉發達，具有持久力。尾巴如刷子一樣。
原產地：美國

博美犬

德國狐狸犬中的玩具狐狸犬就是博美犬，是中歐最古老的犬種。脖子附近像鬃毛的毛是其特色所在，個性活潑，學習能力強，十分開朗。
原產地：德國

第六犬種群

嗅獵犬

又稱為氣味獵犬。嗅覺十分靈敏，擅長從味道尋找獵物，叫聲宏亮。

大麥町

據傳源自克羅埃西亞的達爾馬齊亞地區，在古埃及的墳墓壁畫也能看見大麥町的身影。大麥町是勤奮的馬車犬，身上有斑點，身形修長，個性友善。

原產地：克羅埃西亞

米格魯

祖先是西元前在希臘獵捕兔子的狗。擁有尋血犬的血統，嗅覺十分敏銳，活動力十足，爆發力也很強，頭腦聰明。

原產地：英國

巴吉度獵犬

從獵鹿的獵犬繁殖出短腿種，再與尋血犬交配而成。擅長忍耐，鬆垮下垂的外皮是其特色所在。

原產地：英國

第七犬種群

指示犬

當獵人擊落小鳥，指示犬很快就能找到小鳥墜落的地點並通知獵人。垂耳外型可避免槍聲損傷耳膜。

波音達犬（指標犬）

發現獵物就會舉起單腳指示（通知）地點，因此又稱指標犬。在驅鳥犬種中，能力特別突出。行動敏捷，擅長忍耐，速度很快。身體健壯，體型修長。個性溫馴。

原產地：英國

愛爾蘭塞特犬

為了打獵而在愛爾蘭改良的犬種。耳朵和腳部後方、胸部、尾巴等處長著長長的亮眼紅毛，像蕾絲一樣十分精美。長相優雅，頭腦聰明，個性誠實。無論是運動能力或工作能力都很強。

原產地：愛爾蘭

布列塔尼犬

來自法國布列塔尼的古老犬種。很快就能適應環境，喜歡交朋友。擅長尋找獵物，告知獵物所在的位置並叼回獵物。尾巴很短，整體體型較小。

原產地：法國

第八犬種群

尋回獵犬、驅鳥犬

獵鳥時，擅長叼回獵人擊落的獵物（尋回）。

美國可卡犬

將英國人移民美國時帶去的可卡犬加以改良產生的犬種。個性穩定，美麗的長毛讓頭型更加立體。在驅鳥犬中是體型最小的狗。
原產地：美國

黃金獵犬

專家認為黃金獵犬起源自金黃色捲毛尋回獵犬的幼犬。全身長滿金色或奶油色的長毛。個性順從溫馴，對人友善。頭腦聰明，能順利完成主人下達的指令。力量強大，活動力十足。
原產地：英國

拉不拉多犬

為了協助加拿大紐芬蘭海岸的漁夫尋回漁獲而改良的犬種。擅長游泳，順滑的毛不易沾水，宛如水獺的尾巴是其特色所在。性情溫順，頭腦聰明，喜歡逗人開心。
原產地：英國

第九犬種群
愛玩犬

適合在家庭呵護成長（愛玩）的犬種，多為小型犬。又稱為伴侶犬、玩具犬。

吉娃娃

全世界最小的純種犬。取名自墨西哥的奇瓦瓦州。原為野生，在七到八世紀左右開始由人類豢養。個性勇敢活潑，有長毛種和短毛種。

原產地：墨西哥

騎士查理斯王小獵犬

比查理斯王獵犬稍微大一點的變種。原文Cavalier是中世紀騎士之意。身體特徵包括垂耳、腳和尾巴的毛，以及又圓又大的眼睛。個性開朗穩定，活潑好動。

原產地：英國

巴哥犬

巴哥犬來自偏好短吻犬的中國，一般認為是1500年代由荷蘭商人帶入歐洲。十分可愛，個性歡樂。肌肉很硬，身材結實。

原產地：中國

第十犬種群

視獵犬

又稱為視覺型獵犬。無論跑多遠都能找到獵物，追逐獵物時跑得很快。

阿富汗獵狗

在阿富汗山區打獵的犬種，1900年代被帶往英國，是狗展上最受歡迎的狗。表情冷冽，兼具速度與力道。

原產地：阿富汗

蘇俄牧羊犬

深受俄國皇帝、貴族和文人喜愛的犬種。個性文靜穩定，視力絕佳，一旦發現遠處的獵物就會很興奮。屬於長毛大型犬，腰部挺直，看起來十分高貴。

原產地：俄羅斯

格雷伊獵犬

出現在古埃及墳墓壁畫上的犬種。跑步速度很快，是很出色的賽狗。有些狗可以跑出時速70km的速度。體型修長，四肢柔軟，個性溫和。

原產地：英國

我們要去打棒球。
太好了，我也要去打。
我們想請你幫忙先把書包送回家去。

感動能量放射圈
反正我就是……
那麼容易被人家使喚。
啊，是小夫的弟弟，幫你哥哥把書包拿回去吧。
呸，不要。
幫忙買東西啊？真了不起。
那這個就順便吧……
不想拿的話，我也不會勉強你啊。

大雄今天放學……
也太晚了吧。
實在令人擔心，去看看好了。
你在那種地方做什麼啊？
…………
嗚哇～
這陣子我實在是厭倦到極點了。
咦？
不管是誰說的話我都得聽，
可是，卻沒人肯聽我的話。
也許這就是我的命吧。

汪星人呼喚項圈Q&A

Q 狗會隨著救護車的嗚笛聲吠叫，這個行為稱為什麼？

A 嚎叫。狗的祖先狼會以嚎叫互相溝通，專家認為狗的嚎叫行為承襲自狼。

※喃咩
紫色煙霧瀰漫……
花瓣飄散……
不知不覺心情突然變得好感動喔。
幫我把書包送到小夫和胖虎家去。
是，遵命。
謝謝您給我機會為您做這些事……
我第一次打從心底感到這麼高興。
那我送書包去了。
會不會太誇張啦？
他會不會是故意演給我看的啊？
我回來了。
你又跑到哪去玩了？
對不起！

汪星人呼喚項圈Q&A

Q 狗嘗不出味道，這是真的嗎？

A 假的。不過，狗的味覺機制比人類的舌頭差。

……
「對不起」這句話聽起來實在太叫人感動了。
也沒有啦。
再多說一點！
再多說幾句話吧！
那媽媽你願不願意偶爾幫我寫寫作業？
好啊！
啦啦～啦啦～啦啦～
！
等一下！
是你自己說要寫，我才請你寫的喔。
沒錯！
我很樂意替您寫作業。

Q 可以給狗喝人類喝的牛奶，這是真的嗎？

可是……不管怎麼想還是很奇怪啊。
這真是太棒了！
「感動能量放射圈」的效果好像是真的耶！
還給我啦。
我還是決定不借你了！
因為你老是得意忘形，把事情搞得一團糟。
我會小心用的啦。
全世界最可靠的就只有你了，我一直很感激你呢。
別做得太過分喔。
我知道。

A 假的。有些人無法消化牛奶成分，狗也一樣，最好給狗喝狗專用的奶。

嘿，也讓我加入吧！
笨得要死，還敢要求加入!?
※痛哭流涕
ドバー
您說的話真叫人感動。
請！您就代替我的位置吧。
哇！大雄加入鐵定輸的啦。
給我閉嘴。
他好不容易才答應要加入跟我們一起玩的耶。
真不知道他接不接得住。

汪星人呼喚項圈Q&A

Q 狗與人類變老的速度一樣，這是真的嗎？

A 假的。狗的壽命比人類短，雖然因犬種而異，但狗的平均壽命為十到十五年。狗變老的速度比人類快。

Q 遛狗時繫著狗的繩子稱為什麼？

スコポ～ン
※揮棒
我擊出全壘打了對不對？
這當然是全壘打啊。
パチパチ
※拍手
無聊透頂。
大家別再打棒球了吧。
是！我們不打了。
喂，我告訴你們喔！烏鴉是白色的喔！
是的！烏鴉全身都白透了。
我不是叫你不可以亂來的嗎？
呸。
真令人感動的一句話！

※咻

A 牽繩。帶狗出門時一定要使用牽繩。

ピュウ
不管我說什麼，大家都會聽我的。
我怎麼捨得停止呢。
哇！等等我啊！
啊！
大雄今天又晚回家了！
汪!!
這句話真令人感動啊。
雖然他的行為很令人生氣，可是我放心不下他，還是去看看好了。

第8章 工作犬就是這麼厲害！

長久以來，嗅覺靈敏、持久性強又具有絕佳運動能力的狗，在各種場合為人類工作，付出勞力。

狗喜歡人類，只要人類稱讚就感到開心。有些狗經過訓練可以進一步提升自己的能力，在擅長的領域中發揮專業技能。

在這一章，一起來探索狗兒們為人類做了哪些工作吧！就像漫畫〈感動能量放射圈〉的內容，你會發現這個世界上有許多狗值得我們衷心感謝！

獵犬

狗自從與人類一起生活後，第一個為人類服務的工作之一就是協助打獵。在現今沙烏地阿拉伯發現的西元前八千到五千年前的遺跡壁畫，畫裡就有陪著人類一起打獵的狗。這是到目前為止找到的與狗相關的畫作中，全球最古老的作品。

㹴犬、臘腸犬、嗅獵犬、視獵犬等犬種，是人類獵捕狐狸與兔子等動物時最好的夥伴。若要獵鳥，英國蹲獵犬、西班牙獵犬、尋回獵犬都是最好的選擇。

© PIXTA

▲獵犬會追獵物或是叼回主人射中的獵物。

牧羊犬、畜牧犬

人類圈養綿羊等家畜，藉此繁殖、剃毛、擠乳或生產肉類。利用家畜滿足生活所需或從事商業活動的業種稱為畜牧業。考古學家在西元前四千三百年左右的古埃及地層，挖出綿羊和狗的骨骸，由此可知當時的人類已經有畜牧業了。直到西元前兩千五百年左右，畜牧犬才真正出現。直到今日，畜牧犬仍在世界各地堅守崗位。畜牧犬的主要犬種為柯基犬、牧羊犬、德國牧羊犬、柯利犬等。

© 柴崎 HIROSHI

© PIXTA
▶避免家畜走失，還能預防其他動物攻擊家畜。

其他還有看家犬、搬運貨物的搬運犬。雪納瑞是很常見的看家犬，搬運犬則以體型較大，體力較好的獒犬、山犬最為活躍。

警犬

警犬的嗅覺十分靈敏，負責追緝犯人。警犬存在的歷史較淺，首次出現是在十九世紀的德國。日本則是在大正元年（一九一二年）從國外引進的。後來戰爭爆發，戰況變得激烈，在昭和二十（一九四五年）年左右廢止了警犬制度。一直到昭和二十七年（一九五二年）警犬才再次回到日本。當時屬於

National Archives at College Park - Still Pictures via Wikimedia Commons

▲警犬在海外相當活躍，平時的訓練很重要。

臨時警犬制度，如今日本指定德國牧羊犬、杜賓犬、萬能㹴、柯利犬、拳師犬、拉不拉多、黃金獵犬等犬種擔任警犬。

軍用犬的職責是協助軍隊守衛國家。日本沒有軍隊，但是有自衛隊，由警備犬協助完成工作。

嗅探犬

嗅探犬透過靈敏的嗅覺，找出特定目標，盡心盡力守護並支援社會安全和人類生活。

緝毒犬負責在機場找出從國外攜帶毒品等違禁品的人，是眾所周知的一種嗅探犬。當緝毒犬找到可疑的行李或人，會乖乖的停止坐下，不吵不鬧，藉此方式通知

▶在機場勤奮工作的緝毒犬。

總統府 via Wikimedia Commons

◀尋找高級食材「松露」的松露犬。

© Cynet Photo

Mil.ru via Wikimedia Commons

▲協助尋找地雷的嗅探犬。

航空警察。其他嗅探犬包括炸彈嗅探犬、槍枝嗅探犬、檢疫嗅探犬、地雷嗅探犬等。

此外，有些嗅探犬還能找出白蟻，聞出癌症患者。海外還有尋找高級食材「松露」的松露犬。

近年來受到全球爆發新冠疫情的影響，還出現了嗅聞新冠病毒的嗅探犬。

協助人類生活的狗

協助身障者維持正常生活的狗稱為「肢體障礙輔助犬」，包括「導盲犬」、「輔助犬」與「導聾犬」。根據日本在二〇〇二年頒布的《身體障礙者輔助犬法》，身障者可帶輔助犬進入醫院等公共設施，以及電車、公車等交通運輸設施。隔年放寬到百貨公司和餐飲店也不得拒絕輔助犬進入。

導盲犬

導盲犬是協助視障者安全行走，平安生活的重要助力。考古學家在西元七十九年遭到火山灰掩埋的義大利龐貝遺跡中，發現繪有協助視障者走路的狗狗畫作。由此可見，狗狗自古就為人類工作。

一九一六年，德國成立全球第一間導盲犬訓練學校，日本最初的導盲犬則是在昭和十四年（一九三九年）引進。當時是從德國帶來四隻牧羊犬，協助在戰爭中失去視力的軍人維持日常生活。

現在在日本約有四千人需要導盲犬協助，相較之下，現役的導盲犬只有八百六十一隻（二〇二一年三月三十一日的資料）。唯有經過特殊訓練的狗，才能擔任導盲犬的工作。

為了成為導盲犬，幼犬必須在寄養家庭住十個月，跟

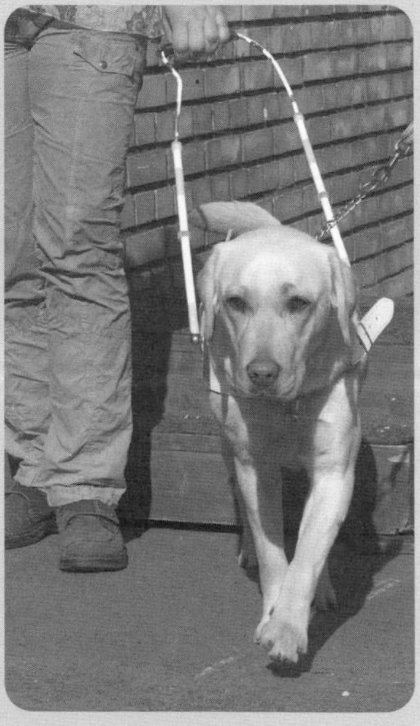

Honza Groh (Jagro) via Wikimedia Commons

▶導盲犬身上配戴的是胸帶加上導盲鞍。

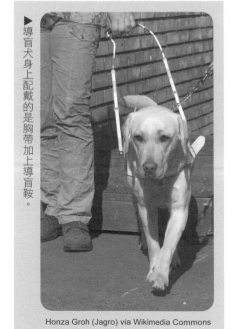

人類一起生活成長。在社會化的黃金時期讓幼犬跟人類一起生活，學習各種重要技能。導盲犬到十歲就必須退役，展開第二犬生。

導聾犬

導聾犬的工作是協助聽障者維持生活，當有人按門鈴時，導聾犬就會帶飼主去發出聲音的地方。為了避免嚇到聽障者，導聾犬會伸出單腳輕輕碰觸飼主的身體，吸引飼主的注意。

導聾犬是最近才出現的工作犬，始於一九七五年的美國。日本則是在一九八一年成立導聾犬委員會，正式進行導聾犬的訓練。導聾犬沒有指定犬種，各種狗狗都能協助聽障者。有些導聾犬來自收容所，特地挑選個性穩重，對聲音敏感的狗狗，進行訓練之後成為導聾犬。

輔助犬

美國從一九七〇年代開始訓練輔助犬，日本則是從一九九二年開始。輔助犬可說是新型態工作犬。輔助犬的工作是協助肢障者撿拾或攜帶物品、開關門等。和導盲犬一樣，輔助犬大多是拉不拉多。

© PIXTA

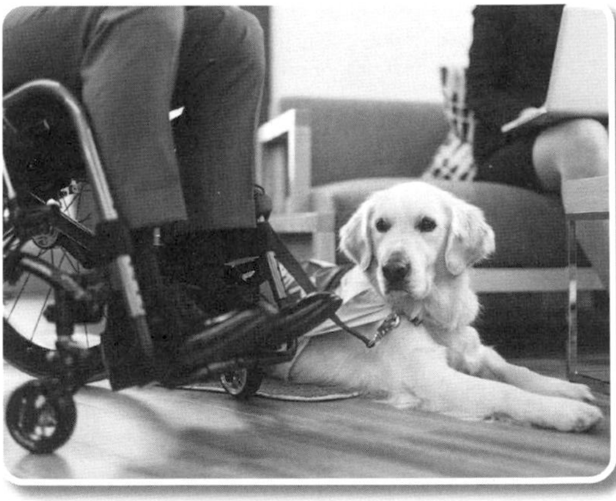

▲輔助犬還能協助身障者脫衣脫鞋。

小知識

治療犬 親切的對待人類

年長者、癌症患者和壓力大的人只要接觸動物，就能放鬆心情，變得正面樂觀或是感到療癒。藉助動物的力量提升治療效果的療法稱為「動物輔助治療」，協助此療法的狗狗稱為「治療犬（狗醫生）」。

搜救犬

發生災害時，搜救犬可以協助確認是否有生還者，協助搜救隊員救出受災者。依災害種類，搜救犬主要分成三種：在地震或土石流等災難現場工作的地震搜救犬、搜尋山難者的山岳搜救犬，以及救出溺水者的水難搜救犬。

災害（地震）搜救犬

建築物因地震倒塌時，災害搜救犬必須找出裡面是否有人。在尋找犯人時，警犬在聞過犯人持有物的味道之後，就會在地上到處聞，找出相同味道。不過，災害搜救犬要找的是不特定人士，而且是不確定是否存在的生還者。由於這個緣故，災害搜救犬必須感受空氣中人類氣息的味道，所以牠們必須抬起頭用力嗅聞。遇到已經往生的罹難者，災害搜救犬也會鎖定遺體發出的味道，通知搜救隊員。

許多犬種的鼻子都很靈敏，包括德國牧羊犬、拉不拉多等，但體型較小的小型犬方便進入狹窄空間，穿梭在各種災難現場，協助救援。

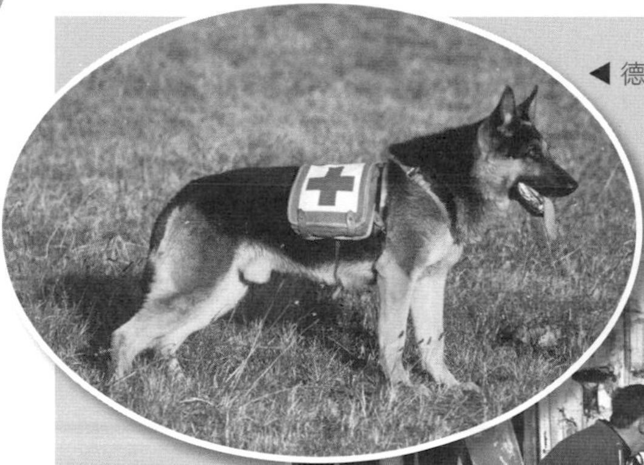

◀ 德國牧羊犬

© Cynet Photo

▼進行搜救訓練的情景。

© Cynet Photo

山岳搜救犬

山岳搜救犬是專門救援遭遇山難或雪崩等意外事故的工作犬。瑞士自古就藉助狗狗的力量，搜尋在雪山遇難的人。有一隻名為「巴利」的聖伯納犬救援了超過四十人，其英雄事蹟聞名全球。

© Cynet Photo

▲雪山救難常常伴隨危險。

水難搜救犬

當有人在河川、大海和湖泊溺水，水難搜救犬會游到對方身邊，將其帶到岸邊。體型較大的紐芬蘭犬是最具代表性的水難搜救犬，擅長游泳，趾間還有其他犬種沒有的蹼，被毛有大量油脂，具有潑水性，可長時間待在水裡。

© Cynet Photo

▲擅長游泳的紐芬蘭犬。

※吃下

吐出來！
愛吃鬼！
我已經吞下去了啦。
才吃一個而已，小氣鬼。
不是這個問題啦！
那是「棄狗丸子」耶！
什麼叫「棄狗丸子」啊？
小狗小貓被丟掉以後，不是會自己找路回家嗎？
讓牠們吃下這個丸子，就回不了家了。
你怎麼把這種怪東西放在外面啦！
我本來要拿去丟的。
你絕對不可以出門，
一旦出去就回不了家囉。

汪星人呼喚項圈Q&A

Q 無論在世界上的任何國家與地區，狗都是汪汪叫，這是真的嗎？

A 假的。日本、台灣的狗是「汪汪」叫，美國的狗是「woof woof」叫，俄羅斯的狗是「гав-гав」叫。

※咚
好想……
玩棒球喔……
那是我新買的球！
啊，「棄狗丸子」……
還好沒跨出家門。
汪汪！
汪汪汪汪!!
這下離開家很遠了，
糟糕。
可是這一帶的路我認得……
往這邊走，
一定沒錯。

汪星人呼喚項圈Q&A

Q 狗和貓的牙齒數量一樣多，這是真的嗎？

A 假的。狗有四十二顆牙齒，貓有三十顆牙齒。

什麼嘛，
還是回得去呀。
小弟弟，我想問路。
不好意思，我正在忙。
現在的小孩真冷漠！
我想去上面那個地址的……
山田先生的家。
啊，大雄不在！
千交代萬叮嚀叫他不要出門的！
這下糟糕了！
還沒到嗎？你是路痴嗎？
別說話好嗎？你越講我越糊塗了。
算了，我自己找。

這裡是哪裡？
我從來沒來過這裡啊。
我家在這邊吧。
不……是這邊吧？
還是在那邊？
還是那邊呢……
請問一下，我家在……
謝謝。
剛剛心情不好亂指一通。
喂！我剛才是亂比的啦！

汪星人呼喚項圈Q&A

Q 江戶時代瀧澤馬琴曾經寫過一篇故事，登場人物的名字裡有狗，請問故事名稱是什麼？

A 《南總里見八犬傳》。這是花了將近三十年完成的人氣小說。

怎麼辦?!
越走越沒看過這裡啊……
救命啊!!
對不起，
有沒有看到這孩子？
有，在那裡邊走邊哭！
謝謝！
到底該怎麼辦才好？
喂！
大雄！
哆啦A夢!!

汪星人呼喚項圈Q&A

Q 十九世紀因為進口哪項食品導致英國與中國開戰？

A 茶。愛好紅茶的英國向清朝（中國）購買大量茶葉，並將鴉片（毒品）賣入中國，因此引發戰爭。

我已經走不動了。
肚子咕嚕咕嚕的叫，快撐不住了。
看起來好好吃喔。
要分我吃嗎？謝謝。
※狼吞虎嚥
嗚……
噁……唔嗯嗯……
把丸子吐出來後就回得來了。
我終於明白小狗被丟棄的感覺了。
噁噁……

絕對不能像漫畫〈遠離家園〉中用「棄狗丸子」那樣棄養狗狗哦！狗會做出許多人類不會做的事情，例如搖尾巴、露出肚子等。其實狗做出這些行為都是有意義的。動物行為學研究的正是動物的行為，只要學習狗的行為學，知道狗想做什麼，就能跟狗共同過著更快樂的日子。

狗會嚎叫是有原因的

狗的許多行為承襲自牠們的狼祖先。

狼是群居動物，當牠們和群體走失，會透過嚎叫的方式通知同伴或其他群體自己的所在位置。當敵人接近，牠們想通知同伴，也會嚎叫。幼狼會模仿成狼嚎叫，藉此學會嚎叫的技巧。

照理說，人類飼養的狗沒必要利用嚎叫的方式聯繫其他狗狗，但狼嚎叫的習性遺傳給狗，於是當狗聽到救護車的鳴笛聲就會產生反應，開始嚎叫。

此外，當狗想叫主人帶牠出門散步，或獨自在家感到不安時，也會嚎叫。

© PIXTA

▲一隻狼嚎叫，其他同伴就會跟著持續嚎叫。

狗的某些行為承襲自狼

除了嚎叫之外，狗也承襲了許多當群居的狼想與同伴溝通時所做的行為。

狼會在群體裡選出一隻狼當老大，為了避免同伴吵架，地位較低的狼會對地位較高的狼露出肚子，這是身體的重要部位。牠們透過這個方式告訴對方「我不會忤逆你」、「我相信你」。

狗躺在地上對主人露出肚子，也是要表達「我不會忤逆你」、「我相信你」的意思。不只對自己的主人，狗也會對其他狗露肚子，告訴對方「我不想和你打架」、「我們是朋友」。

不過，如果狗露出肚子，尾巴又夾在雙腿之間就要注意，這代表狗很害怕對方，感到十分緊張。即使搖尾巴，也不代表狗很開心。狗在開心興奮以及因害怕情緒高漲的時候，都會搖尾巴。當狗露出肚子同時搖尾巴，又將尾巴夾在雙腿之間，或是明明不熱也沒運動，卻一直喘氣，就代表牠很害怕。遇到這種情形時，請務必移除讓狗感到害怕的起因。

© 柴崎 HIROSHI

不與同伴吵架的小祕訣是什麼？

除了露肚子之外，狗還會做出各種表達謙遜之意的行為。這類行為稱為「從屬行為」。這是避免群體中同伴吵架的小祕訣。

背對對方也是沒有敵意的表現，因為背對對方代表對方隨時可以攻擊自己，跟露出肚子是一樣的道理，讓對方明白自己不打算打架。

趴著或蜷縮身體也是沒有敵意的表現。狗闖禍的時候經常趴低身體，眼睛往上看，這是知道自己闖禍，向主人懺悔，希望主人不要生氣的表現。

當你看著狗的眼睛，狗卻別過頭去不看你，也在表達善意。動物認為陌生對象盯著自己看，代表對方可能會攻擊自己。

人類可能會因為狗不看自己誤以為這是「不理會」的表現，但其實狗撇開目光是要傳達「我沒有敵意」的意思。

舔自己的鼻子和嘴巴、打呵欠等行為，也是在向強勢對象表達「你先請」的意思，降低自己的地位。

不過，當狗感到緊張時，也會用上述行為讓自己穩定下來。

狗狗熱情的舔飼主的臉也是承襲自狼的習性

從狗開心的行為也能看出狼的習性，狗熱情的舔飼主的臉就是其中之一。

幼狼肚子餓的時候，會舔從外面打獵回來的父母的臉，向牠們要食物吃。此時狼爸爸或狼媽媽的嘴裡還叼著獵物，孩子舔牠們的臉之後，牠們就會放下獵物給孩子吃。因此，對幼狼來說，舔父母的臉是要食物吃與撒嬌的表現。

話說回來，狗狗舔飼主的臉不是向飼主要嘴裡的食物，而是像幼狼跟父母撒嬌一樣在對飼主撒嬌。不過，如果過度放任狗舔自己的臉，狗身上的病菌很可能會感染給飼主，導致飼主生病。凡事適度就好，讓狗舔臉也是一樣適度就好。

© 柴崎 HIROSHI

動物有與生俱來的本能

不只是狗，動物的行為基本上來自其與生俱來的本能，再加上因應環境等各種條件，透過學習改變的行為。雖然無法完全改變基於本能採取的行為，但透過學習採取的行為會因為動物所處環境而不同。所有動物都具備學習能力。

狗必須學習各種事情才能與人類一起生活，為了達成這個目的，飼主要好好「訓練」自己的狗。飼主要利用狗的學習能力，讓狗學會不可以亂叫，要等食物準備好才能吃等等。

狗會採取從屬行為，決定優先順序或與人類溝通。但人類不會在自己家裡排名，認為自己是老大，或認為其他家人的地位比自己低就為所欲為。狗每天觀察身邊的家人，很清楚每位成員在家裡的角色，依此決定自己與每位家人的相處方式。

當狗不聽話或是擅自行動，並非看不起你，而是學習結果不如預期或是生病。這些都與狗的成長過程，以及現在的環境息息相關。此時不要只是責罵狗，應該諮詢熟稔動物行為學的獸醫師，才能有效解決問題。

訓練狗守規矩是讓狗學習與人類一起共同生活的必要禮儀，也是要讓狗學會如何與其他狗或動物和平相處的方式。

訓練得好可以避免遛狗時狗暴衝造成意外、與其他狗打架受傷，或是亂叫造成鄰居困擾。在家裡時不會隨地尿尿，客人來的時候也不會突然攻擊。

總的來說，訓練狗守規矩是維護狗自身安全最重要的方法。

狗自古就有在群體中排名的習性，過去認為必須嚴格斥責才能讓狗守規矩，避免狗自以為是老大。不過，隨著狗行為學的研究日益發展，現在已經知道打罵狗對人狗關係沒有好處。嚴厲責罵或體罰，讓狗感到痛苦，反而會使狗感到害怕，不可能喜歡飼主。因為狗不記得你罵牠的原因，只記得被罵時很討厭的情緒反應。

訓練狗守規矩時，一定要用讚美的方式，這一點很重要。一邊稱讚，一邊教狗狗在正確的地方上廁所、看到其他的狗不亂叫、要牠安靜就不亂動等規矩。只要狗聽話就讚美牠，狗自然感到開心，也會覺得和主人溝通很愉快。

© 柴崎 HIROSHI

無精打采的胖虎

※扭捏、微笑

汪星人呼喚項圈Q&A

Q 狗有幾個奶頭？①十二個 ②十一個 ③十個

A ③十個。有些狗狗是八個。

這樣吧。
表現好的一面給她看。
有道理。
胖虎的優點是堅強又勇敢。
你說的沒錯!!
比方說路上遇到大雄正在欺負她……
然後英雄救美對吧？
太老套了！
這種情節現在早就不流行了。
溫柔才是男人的魅力。
喔？是嗎？
展現你溫柔體貼的笑容。
喔？可是我常笑給她看啊。
像這樣笑啊。
好詭異啊～
難怪會被嚇跑。
那你們到底要我怎樣?!

汪星人呼喚項圈Q&A

Q 第一隻被日本政府指定為天然紀念物的是哪種狗？①四國犬 ②柴犬 ③秋田犬

A ③秋田犬。一九三一年被日本政府指定為天然紀念物。

Q 現在被日本政府指定為天然紀念物的日本犬有幾種？①一種 ②六種 ③十種

那個傢伙!!
我不會放過他的！
借你好東西。
「丘比特之箭」。
只要射中，她就會喜歡你。
真的嗎？
可是她都躲在家裡不出來。
我們幫你引她出來。

A
② 六種。分別是北海道犬、秋田犬、甲斐犬、紀州犬、四國犬、柴犬等六種。

※站立

※射中

汪星人呼喚項圈Q&A

Q 柴犬的「柴」，在日文是什麼意思？① 小的 ② 美麗的 ③ 高的

不可以隨便跑出去啦！

你要去哪裡？

你不乖！

「生物控制器」。

哇！又來了!!

※咻咻

※咻

A ①小的。獵人在山區打獵時會帶柴犬一起去。

※燦笑
ニコッ
過來吧。
我帶來了!!
做得好!!
愛你!!
不是我!是那邊,那邊!
我喜歡的是你。
你死定了!!
救救我啊~
要把箭拔掉。
可是很奇怪,怎麼都找不到她?

汪星人呼喚項圈Q&A

Q 口鼻部指的是哪個部位?①從鼻子到嘴巴 ②從額頭到鼻子 ③從耳朵到下巴

天黑了也沒回家。
我會被胖虎殺了！
最好暫時不要碰面，
可以的話就搬去國外吧。
咦…她回大阪了？
她只是暫時來親戚家玩而已。
不知情的胖虎還是無精打采，小夫則是死命的逃。
為了鎮上的和平，暫時維持這樣吧。

A ①從鼻子到嘴巴。不同犬種的口鼻部長度都不一樣。

呼喚項圈

※咚噠咚噠
要送什麼給靜香當生日禮物好呢？
這個嘛……
ドタドタ
汪！
不可以跑到別人家裡。
※咚噠咚噠
ドタドタ
對不起。
怎麼回事？
真拿小白沒辦法。
不見了！
牠老是喜歡往外跑，
怎麼教都教不聽。

小白。
小白、小白！
我們也來幫忙找吧！
找到了。
人家叫你要過來呀。
對了！
送靜香這個禮物吧！
「呼喚項圈」。
隨你高興去哪玩。
好不容易才抓到的耶！
只要叫名字，不管牠在哪裡都會回來。
※飄走
小白!!
?
ヒョコ
ヒョコ
靜香一定會很開心。

汪星人呼喚項圈Q&A

Q 美國總統富蘭克林・羅斯福的愛犬法拉被做成了銅像，這是真的嗎？

A 真的。華盛頓特區有法拉的銅像。

汪星人呼喚項圈Q&A

Q 日本的戌之日(犬之日)要做什麼事?①祈求交通安全 ②祈求順利生產 ③祈求無病息災

A

②祈求順利生產。由於狗一胎生很多小孩，因此日本自古就有在戌之日祈求順產的習俗。

※搖搖晃晃

※搖搖晃晃

※搖搖晃晃

靜香!
クルリ ヒョコ
靜香!
クルリ ヒョコ
我受夠了啦!
咦?
有好多人叫我。
好像有三十個人一起在叫我。
到底是誰?
♬安靜香謐的湖畔,幽靜的森林……
安靜香謐的湖畔,
安靜香謐的湖畔……
ヒョコヒョコ
ヒョコヒョコ

※搖搖晃晃

探索！

歷任美國總統大多是愛狗派？

美國歷代總統幾乎都會在白宮養狗、貓或馬當寵物。其中以養狗的比例最高，總統的愛犬還被冠上「第一狗狗」的稱號。不只新聞節目報導第一狗狗的現況，第一狗狗也會在總統辦公室與總統合照。

不過，只有川普總統沒有養寵物，這是很少見的情形。或許川普總統不喜歡動物吧！

約翰・F・甘迺迪總統、柯林頓總統、喬治・布希總統、歐巴馬總統都養狗。甘迺迪總統還養小馬。

第四十六屆美國總統喬・拜登也養了兩隻狗。其中之一是德國牧羊犬「冠軍」，在二〇二一年六月過世，當時總統伉儷十分悲傷，還發表了聲明。由於冠軍是拜登在當副總統時養的，相處時間很長，才會感到如此悲傷。另一隻小德國牧羊犬名為「少校」，是從收容所領養的，創下流浪犬成為第一狗狗的首例。二〇二一年十二月，拜登總統又養了新的德國牧羊犬「司令」。狗兒們從原本的家搬到寬廣氣派的白宮居住，生活完全不一樣了。

第一狗狗有時也會成為白宮的宣傳主角，協助推升總統的人氣。最知名的例子是第三十二屆總統富蘭克林・羅斯福，他的愛犬法拉是蘇格蘭㹴，深受國民喜愛，還收到許多粉絲信。法拉不僅會搭乘總統專機空軍一號，也會跟著羅斯福總統一起參加國際會議。

© Cynet Photo

▶美國總統富蘭克林・羅斯福經常帶著愛犬法拉出門，華盛頓特區有他們的銅像。

第10章 善用狗能力的訓練法

前一章與各位提過「訓練狗守規矩」，才能讓狗學會與人類家庭一起生活，在人類社會立足的禮儀。狗如果能像漫畫《呼喚項圈》一樣聽話，又能像漫畫《無精打采的胖虎》一樣的喜歡自己，那該有多開心啊！為了讓狗透過訓練學會特定領域的工作技巧，這一章一起來學習如何善用狗的能力，學會固定行為模式的「訓練法」吧！

利用反覆操作制約進行訓練

第八章介紹過充分發揮並強化狗天生的能力與特性，讓狗在特定領域（例如警犬和災害搜救犬）工作的方法稱為「訓練」。相關訓練必須由各領域的專業訓練師執行。

基本方法與在家裡訓練狗守規矩一樣。當你下達「趴下」、「坐下」等指令，狗也完成正確動作，就要好好稱讚狗狗，或給狗吃零食。當狗發現做某件事對自己有利，就會喜歡做那件事。

當狗發現訓練很有趣，就會很期待接受飼主訓練的時光，每天越學越多。若狗做某個特定行為，你只是偶爾才讚美或是一味的責罵，狗就會不想學。因此，每一次都要好好讚美狗，才能讓狗越來越進步。

這樣的互動方式是動物學習的一種形式，稱為「操作制約（operant conditioning）」，operant是「具有自發性效果」的意思。

好好學習操作制約的訓練法，才能避免對狗做出不該做的事情，有助於減少問題行為。總而言之，以懲罰的方式減少問題行為是不好的做法。

發揮學習能力與運動能力的運動訓練法

警犬等從事特定工作的狗，與各自的專業訓練師一起

訓練，只有通過考試的狗才能從事特定工作。導盲犬的工作與守護人類生活、性命息息相關，想要通過考試難上加難。

有別於工作，結合操作制約與充分發揮狗的學習能力的「Agility 犬隻敏捷障礙賽」，也是很棒的訓練方法。在制式賽道上放置欄架等障礙物，讓狗狗依序通過，感覺就像運動會常見的障礙賽。這不是在人類社會生存的必備禮儀，屬於訓練的一種。

「Agility」是敏捷性的意思。「Agility 犬隻敏捷障礙賽」可充分發揮狗的學習能力、運動能力和持久力，讓狗健康的運動，不僅訓練方式有趣，也能加深教導者（訓練師和飼主）與狗之間的羈絆。

重點在於訓練時一定要讚美狗，給狗點心獎勵。當狗發現訓練會有好事發生，就會乖乖聽從教導者的話。若以打罵的方式訓練，狗只會覺得討厭。

而且狗會害怕在訓練過程中打罵牠的人，反而越來越不想學。一旦用錯訓練方法，狗就不會聽話，還會感到痛苦萬分。為了避免讓狗受罪，請務必充分理解操作制約訓練法，訓練時要充分與狗溝通。

Ron Armstrong from Helena, MT, USA
via Wikimedia Commons

▲Agility 犬隻敏捷障礙賽在國內外舉辦多場賽事。

Peter Kiss via Wikimedia Commons

▲飛球是一個使用球類的比賽，屬於狗競技的一種。

哆啦A夢知識大探索 9

汪星人呼喚項圈

●漫畫／藤子・F・不二雄　●原書名／ドラえもん探究ワールド——イヌの不思議
●日文版審訂／Fujiko Pro、入交真巳
●日文版協作／目黑廣志　●日文版採訪・撰文／平松溫子
●日文版版面設計／Nishi Art（西山克之）　●日文版封面設計／有泉勝一（Timemachine）
●日文版編輯／熊谷 Yuri　●日文版製作／酒井 Kaori　●插圖／柴崎 Hiroshi
●翻譯／游韻馨　●台灣版審訂／王尚麟

發行人／王榮文
出版發行／遠流出版事業股份有限公司
地址：104005 台北市中山北路一段 11 號 13 樓
電話：(02)2571-0297　傳真：(02)2571-0197　郵撥：0189456-1
著作權顧問／蕭雄淋律師

[參考文獻]
《愛犬的日本史》（桐野作人・吉門裕／平凡社）、《狗狗的江戶時代》（仁科邦男／草思社）、《狗狗的明治維新》（仁科邦男／草思社）、《狗與貓的身體不思議》（齊藤勝司著・小方宗次審訂／誠文堂新光社）、《學研圖鑑 LIVE 狗・貓・寵物》（今泉忠明審訂／學研 Plus）、《狗狗的猜謎圖鑑》（今泉忠明審訂／學研 Plus）、《小學館的圖鑑 NEO 動物》（小學館）、《最新世界的犬種大圖鑑》（藤田 RIKAKO ／誠文堂新光社）

2023 年 8 月 1 日 初版一刷
定價／新台幣 350 元（缺頁或破損的書，請寄回更換）

ISBN 978-626-361-187-0
遠流博識網 http://www.ylib.com　E-mail:ylib@ylib.com

◎日本小學館正式授權台灣中文版
●發行所／台灣小學館股份有限公司
●總經理／齋藤滿
●產品經理／黃馨瑝
●責任編輯／李宗幸
●美術編輯／蘇彩金

國家圖書館出版品預行編目（CIP）資料

汪星人呼喚項圈 / 藤子・F・不二雄漫畫；日本小學館編輯撰文；游韻馨翻譯. -- 初版. -- 臺北市：遠流出版事業股份有限公司，2023.8
面；　公分. --（哆啦 A 夢知識大探索；9）
譯自：ドラえもん探究ワールド：イヌの不思議
ISBN 978-626-361-187-0（平裝）

1.CST: 犬　2.CST: 寵物飼養　3.CST: 漫畫

437.354　　112010746

※ 本書為 2022 年日本小學館出版的《イヌの不思議》台灣中文版，在台灣經重新審閱、編輯後發行，因此少部分內容與日文版不同，特此聲明。